朗仔玩军事 百科图解

冷兵器知识

瀚鼎文化工作室◎编著

航空工业出版社
北京

内 容 提 要

本书以图文并茂的形式讲述了不同历史时期各种冷兵器的组成构造、使用方法、作战威力及发展历史，希望读者阅读后能对冷兵器知识有更全面、更深入的了解。

图书在版编目（CIP）数据

百科图解冷兵器知识 / 瀚鼎文化工作室编著. 北京：航空工业出版社，2014.10（2021.7 重印）
ISBN 978-7-5165-0515-1

Ⅰ. ①百… Ⅱ. ①瀚… Ⅲ. ①冷兵器—图解 Ⅳ. ① E922.8-64

中国版本图书馆 CIP 数据核字（2014）第 154821 号

百科图解冷兵器知识
Baike Tujie Lengbingqi Zhishi

航空工业出版社出版发行
（北京市朝阳区京顺路5号曙光大厦C座四层 100028）
发行部电话：010-85672663 010-85672683

三河市双升印务有限公司印刷 全国各地新华书店经售
2014 年 10 月第 1 版 2021 年 7 月第 4 次印刷
开本：710×1000 1/16 字 数：190 千字
印张：11 定 价：32.80 元

编者的话

最初的冷兵器，其实就是远古人类手中用来捕食狩猎用的工具。随着人类文明的不断发展，各式各样的冷兵器更是层出不穷，仅仅在中国传统说法中就有着“十八般兵器”的存在。而且，每种冷兵器还可以根据其外形、大小、用途等细分为若干不同系列。在不同地区，由于人种、体质等方面的差异，所发展出来的冷兵器在外形、用法上也存在很大区别。

本书精选了世界各国在不同历史时期曾经使用过的六十余种典型冷兵器，不仅对其外形、用途等方面加以介绍，更希望广大读者通过阅读本书，能够对东、西方两种不同文明下催生出的各种冷兵器的使用方法、战斗中的实用技巧以及各种武器的特点等有更深一步的了解。

作为《百科图解》系列丛书的组成部分，本书适合军事爱好者、冷兵器爱好者、广大青少年阅读收藏 。《百科图解》系列丛书是瀚鼎文化工作室倾力打造的“明仔玩军事”大家庭的一员。

目 录

●目 录●

第一章
冷兵器基础知识

No.001 怎样选择冷兵器

面对种类繁多的各式冷兵器，什么才算是“好武器”？怎样的冷兵器才最为适合自己使用？更重要的是，使用冷兵器想要达到怎样的目的呢？

不同武器有不同的用途

狭义上的冷兵器指的是不使用火药、炸药等燃料，直接用于攻击或者防御的武器；广义上则是泛指冷兵器时代所有的作战装备。冷兵器的种类繁多，按照用途大致可分为进攻型武器和防御型武器。那么，在如此繁多的种类当中，怎样才能选择到一种适合自己使用的武器呢？

首先，使用者需要清楚自己使用武器的目的，如果说使用武器只是为了作战并击败对手，那么武器的威力大小至关重要。按照这个思路，我们可以通过逆向思维来决定应该怎样选择武器。

想要从威力上绝对压过对手，斧、锤之类的重量级武器必然是首选，或砍或砸，它都能够对对手构成致命威胁；而选择长枪这类的长柄武器，可以在对手无法近身的同时凭借距离优势先发制人；至于像弓箭、弩等这样的远距离投射武器，更是战场上必不可少的主角。在冷兵器时代，这些都是士兵可以选择的主要攻击型武器。

其次，武器还有另外一个重要的用途——防身。选择防身武器时本着一个原则，就是“不求强于敌，但求不弱于敌”。因此，在选择的时候往往更倾向于短剑、短刀、小型锤、棍棒等小型武器。这时候所选用的武器不能是战场上才使用的长枪、大锤等大型武器，因为这些武器过于笨重，虽然威力很大，但是要随身携带的话并不方便。对于主要充当个人防身工具的武器，便于携带是至关重要的。

武器还有一些特殊的用途，比如偷袭、刺杀等。这类武器往往要达到出其不意的效果，因此隐蔽性是首先应该考虑的，一些能够隐藏在手心或者袖筒的武器是首选。

使用武器的目的

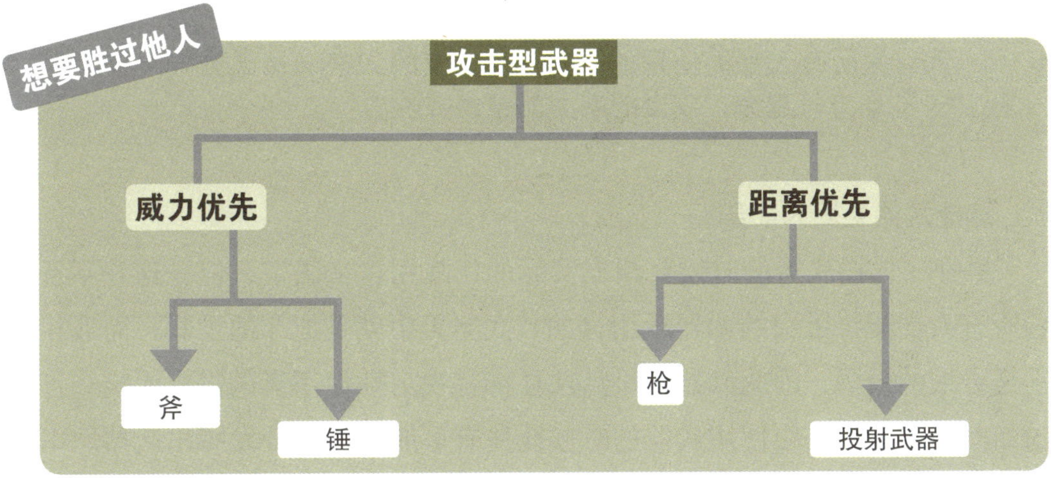

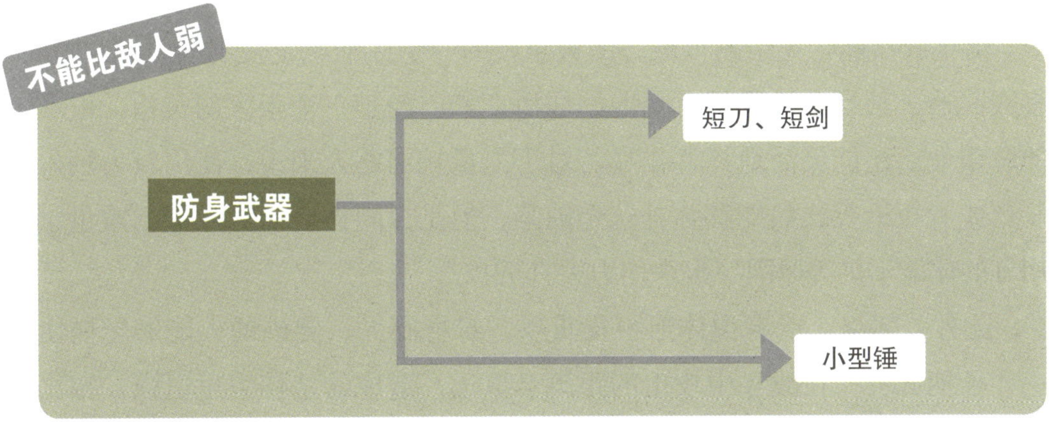

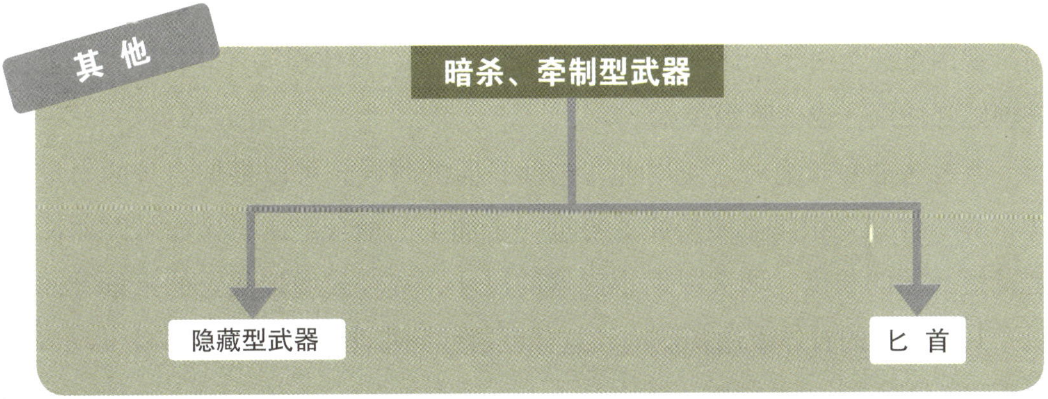

对于中世纪的贵族而言，武器是他们用来显示自己身份的道具，主要是挂在腰上或者拿在手中炫耀，因此外观要比武器本身更重要

No.002 冷兵器适用于哪些人群

武器是所有人都能使用的吗？不同体格的人在选择武器方面有区别吗？是不是力气越大，攻击的威力就越大呢？

选择武器要因人而异

尽管在选择武器的时候要根据实际的作战用途来决定，但是这并不意味着所有人都能将手中的武器运用自如。武器天生就是战斗的工具，而战斗几乎是男人的天职，因此武器的设计往往都是视男性使用者的需求而定。正因为如此，老弱妇孺在使用武器的时候往往有可能无法充分发挥出武器原本的威力。

衡量武器能否完全发挥威力的最重要的一个标准就是使用者力量的强弱。多数武器，其自身的重量对老弱妇孺而言就已经是一个很大的负担，根本不能奢望他们还能灵活地挥舞作战。对于力量较弱的人来说，使用较为轻盈的刺剑或者短枪等虽然能够弥补这个缺陷，但是，同样会因为武器的重量、使用者的体能不足等原因导致杀伤力大打折扣。

此外，体格，或者说体形也很重要。身材高大、健硕的人能够轻松使用一些长柄武器，在战斗中攻击的距离会更远，造成的杀伤力也更强。相比之下，身材比较矮小的人则无法使用太长太重的武器，这会让他们在挥动武器时出现困难甚至由于身体失去平衡而跌倒。此外，身体瘦弱者往往体力不足，即使勉强使用，也会感到很累。

当然这也并非绝对，使用者在选择武器的时候，可以根据自身的力量、体格等条件，将相同类型的武器再进一步加工，量身定制。比如可以加长或者减短兵器的长度，增大或缩小武器的尺寸，减轻或增加武器的重量等，尽量令其与自身的身体素质相适应，这样就能起到事半功倍的效果。

使用武器要具备的身体条件

力量

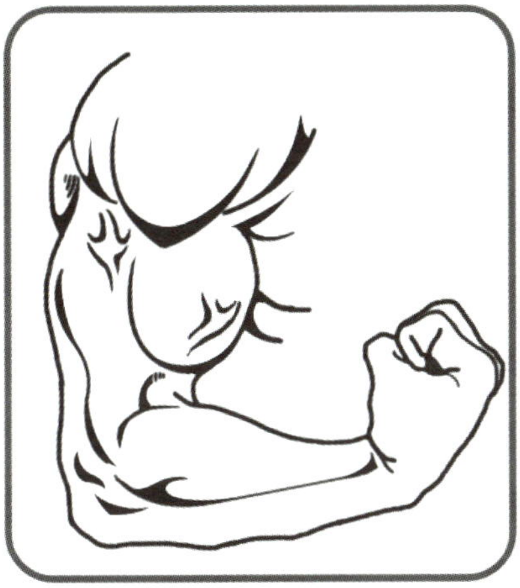

- 力量不足会造成杀伤力不足
- 甚至拿不动武器

体格

- 身材矮小的人无法使用太长太重的武器
- 体力不足的话，持续战斗能力差

解决方案

- 根据自身的力量、体格条件，量身定做适合自身使用的武器
- 锻炼身体，增强自己的体力，改善身体状况

No.003 不同武器合适的作战距离

在战斗中，不同的武器往往需要不同的攻击距离才能实现最佳的攻击效果，那么，如何根据自己的武器来选择合适的攻击距离呢？

合适的攻击距离很重要

一般在战斗的时候，会选择和对手保持“中距离”。所谓“中距离”，指的是当持握刀、剑这样的武器作战时，向前迈步缩短距离即可发起进攻，而防御的时候只要注意保持和对手之间的距离即可。在这个距离下，武器的长度优势在攻、防两方面都能兼顾，是极其适合作战的距离。

比中距离稍短一些，我们称之为“近距离”。这种距离相当于空手格斗中两人之间触手可及的距离。在这样的距离之下，中距离可以使用的武器就显得过大过长，因此，在近距离战斗中常常会使用30厘米左右的短剑、短刀等。

当与对手几近贴身的时候，这种情况称为“贴身距离”或“至近距离”。在这种情况下，铁拳或者钩爪等武器更为适用，这些武器都有一个共同点，就是攻击半径比较小，容易掌握，攻击范围更侧重于上半身，武器使用者自身的力量往往是决定胜负的关键。

在真正的战场上，远距离的攻击也相当重要，长柄武器、投射武器均属于此类，特别是长柄武器，它在攻击时还可以利用武器自身的重量以及使用者的力量给对手施以重击。而且，在远距离攻击的同时，还能够避免与敌人展开近身肉搏，更好地保护好自身安全。投射武器也属于远距离武器的范畴，能够从更远的距离杀伤对手，防止对手过于靠近。

战斗的时候，至近距离与近距离武器常常会陷入够不着对手的窘境，这时候要采用积极向前的战术；远距离武器则要尽量避免对手欺近自己，要注意且战且退，保持移动。总而言之，要根据自己所用武器的攻击距离来确定相应的战术。

战斗中的攻击距离

贴身距离

双方几乎贴身的距离

可以选择 { 钩爪、指虎、峨眉刺 } 等武器

近距离

伸手可以碰到对方的距离

可以选择 { 匕首、短剑 } 等非常适用的武器

中距离

刀、剑等可以直接攻击到的一般距离

可以选择 { 大刀、长剑 } 等

远距离

中距离武器够不着的距离

可以选择 { 枪、长柄武器、投射武器 } 才能攻击到目标

No.004 用武器发起攻击的方法

在近身格斗中，除了武器的优势以外，攻击方法和技巧更为重要，尤其是双方在使用同样的武器时。常用的攻击方法有劈、扫、刺等。

最常用的攻击方法

有了合适的武器，使用正确的攻击方式才能发挥出武器百分之百的威力。在近身武器的攻击方式中，从上往下“劈”是最基本的攻击方法，这样可以充分利用武器的自重，从而增加杀伤力。由于在劈的时候，需要将武器奋力砍下，如果要再次攻击要先将武器收起才行，因此，此方式并不适合连续进攻。

“扫”是将武器进行横向攻击的方法，横扫时的威力虽然要比“劈”稍稍逊色，但是它的攻击连续性比较强，只需要反手即可继续攻击。

从对手肩部向下斜劈的方式称为“斩”或者“砍”，这种攻击方式介乎“劈”和“扫”之间，使用弯刀之类的武器时更具效果。

“刺”是实战中非常有效的一种攻击手段，它是在正面攻击的时候，将所有的力集中在一点上，快速地将剑（刀）尖刺向对方，对方回避起来会非常困难，而且一旦命中就会给对方造成极大的伤害。不过，该方式存在着一定的技术难度，想要准确命中目标，就必须要经过专门的训练。

除此以外，还可以选择从下往上挥击武器，这种攻击方式比较特殊，往往能起到出其不意的效果，它可以攻击到对手无法防御到的死角。以劈、扫为主要攻击手段的沉重武器采用这种攻击方式会比较困难，轻巧锋利的刀、剑等武器要更加适用一些。

其实，以上的这几种都是最简单的基础攻击方式，从这些攻击方式之中，通过调整力度、角度的变化可以演化出更多不同的招式，令攻击更加行之有效。

攻击方法图示

劈

- 双手举起，由上而下利用武器重量劈砍
- 不适合连续攻击
- 适合锤、斧、大剑等

扫

- 横向或斜向挥击
- 杀伤力逊于正劈，但适合连续攻击
- 弯刀、中型剑、长柄武器适合这种方式

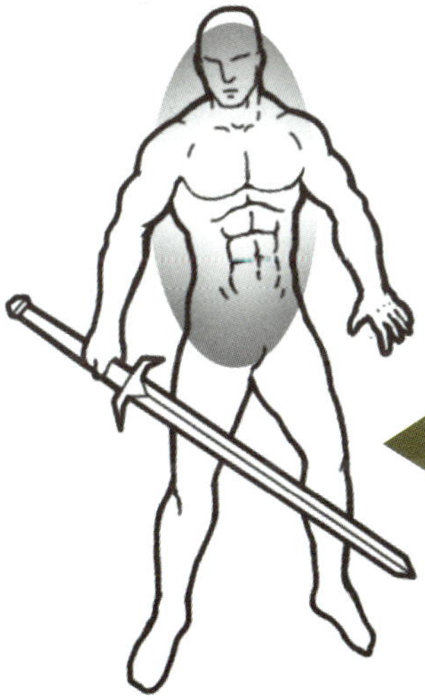

刺

- 将使用者自身的力量转换，通过尖锐的武器杀伤对手
- 必须经过专门训练方能保证准确刺中目标
- 适合枪、刺剑等武器

No.005 用武器进行防御的方法

和对手战斗的时候，除了主动攻击以外，主动防御也是战斗的重要组成部分，与攻击时一样，防御也有一些基本方法。

主动防御的方法

武器一方面可以用来攻击对手，另一方面也是防御对手进攻的有效工具。特别是新手在面临对方武器攻击的时候，首先要考虑的问题不是该如何快速地杀伤对手，而是该采取主动防御的方式先接住对方的攻势。

在使用武器进行主动防御时，通常都能非常有效地抵挡住对手大多数的攻击，主动防御的本身就是令对方的攻击集中到自己的武器上，但是，无论自己武器的材质、硬度如何优秀，长期使用必然会对武器本身造成严重的损伤，甚至有可能会导致武器损坏甚至折断。盾本身就是为抵挡、分散对方攻击力量的专用防具，就算被对手击毁也不会影响到自己的攻击。而武器则不同，一旦被损毁，就会让自己立刻陷入险境。

因此，在主动防御的时候，应该尽量做到既能挡住对手的攻击，又能降低自己武器的损伤程度，这就是俗称的“卸力”。这种方法是双方武器接触的瞬间，稍微改变自己武器的角度、方向，顺势将对手的力量转移。这样，既达到了防御的目的，又能将武器的损耗降至最低。

不过，完全掌握卸力这一技巧需要使用者长时间的训练及具有丰富的实战经验，因此，我们也可以参照敌我双方的武器强度，选择“硬碰硬”式的防御。如果自己的武器本身强度较弱，卸力的方法自然是极好的。反之，自己的武器强度明显强于对方的时候，正面格挡也不失为一个明智的选择。

此外，在双方武器强度不分上下的时候，还可以采取另一种主动的防御方法——“拨”。拨就是在战斗中准确把握住对手的攻击时机，用自己的武器将对手武器拨开，令对手的攻击偏离方向，耐心地等对方露出破绽，最后发起必杀的一击。这种方式并不需要耗费自己多大力气，在战斗中非常实用。

防御方法图示

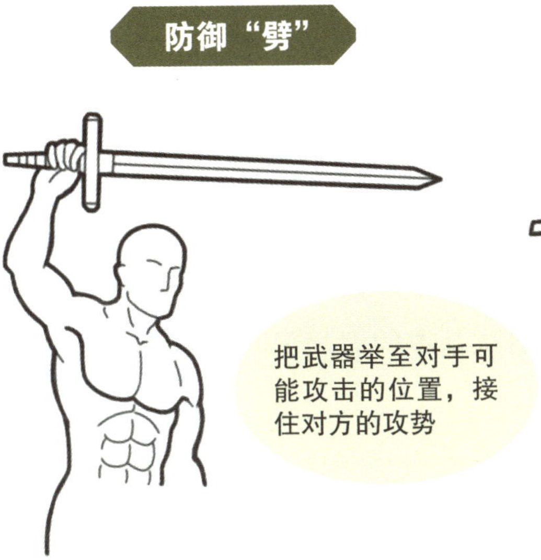

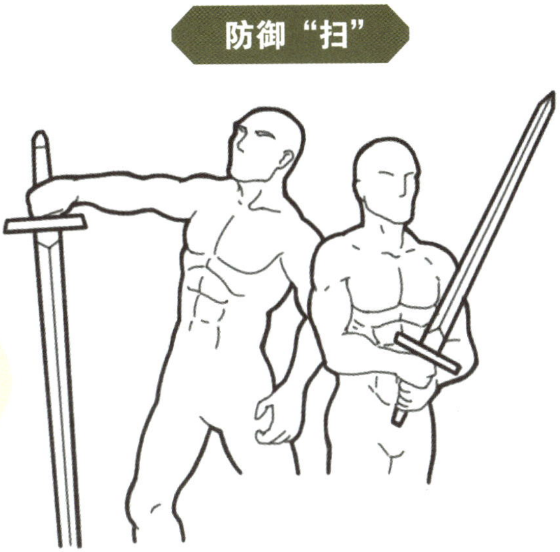

※ 突刺攻击属于精确的“点攻击”，防御起来相对困难

进阶式防御

卸力

在防御中，与对方武器接触的瞬间顺势改变自己武器的方向，分散冲击力

拨

拨开对方武器令其偏离目标方向，对突刺攻击尤为有效

不能过分执着于“硬碰硬”式的防御

当自己的武器比较脆弱或者对方使用较重的锤、斧之类的武器时，最好不要勉强与之交锋，尽量回避。由于在躲避对方攻击时需要非常轻巧的步法来配合，因此平时一定要加强体能锻炼

No.006 冷兵器的分类

在冷兵器的发展过程中，为了适应不同的历史时期，先后衍生出了种类、长短、功能都各不相同的武器。

冷兵器的划分标准

在热兵器时代来临之前的几千年中，冷兵器一直是人类战斗、狩猎的主要工具。在这漫长的发展过程中，冷兵器从基本的刀、剑、枪、斧等衍生出了一系列功能完善、分类齐全的各种武器。

然而，如何对冷兵器的类别进行划分，一直存在争议，众说纷纭。现在，我们综合目前比较流行的几种划分法，提供给读者参考。

首先，从结构形状来看，可以分为长兵器和短兵器、投射兵器等；其次从使用的方式来看，可以分为戳刺类、砍砸类、抛投类兵器等；接下来按用途可分为进攻型兵器和防护装具，进攻型兵器又可分为格斗、远射兵器等；其他的还有按照有无锋刃、软硬程度以及武器材质等进行划分的方式。在本书中，主要采用的是结构形状分类法，冷兵器分为以下三大类型：

一、长兵器，其中最为常见的有枪、戟、长刀、长柄战斧等，长兵器在攻击距离上有着天然的优势，在防御时也能够后发制人。

二、短兵器，一般像单手刀、剑、匕首、短棍、手斧等，均可称为短兵器，相比于长兵器，短兵器的威力略有欠缺，然而在一些限制的空间中，长兵器往往发挥不出本身的威力，短兵器便成为首选。同时，短兵器在格斗中的灵活性是长兵器无法比拟的。

三、投射兵器，指的是利用动力，将物体抛射出去并在空中飞行一段距离后落下杀伤对手的兵器。根据抛射的动力不同，可以分为抛射兵器、抛掷兵器和弹射兵器这几类。小型的如弓箭、弩、投石带、标枪等兵器、大型的如古代用于攻城的投石机都属于投射兵器。

冷兵器的常见分类

短兵器

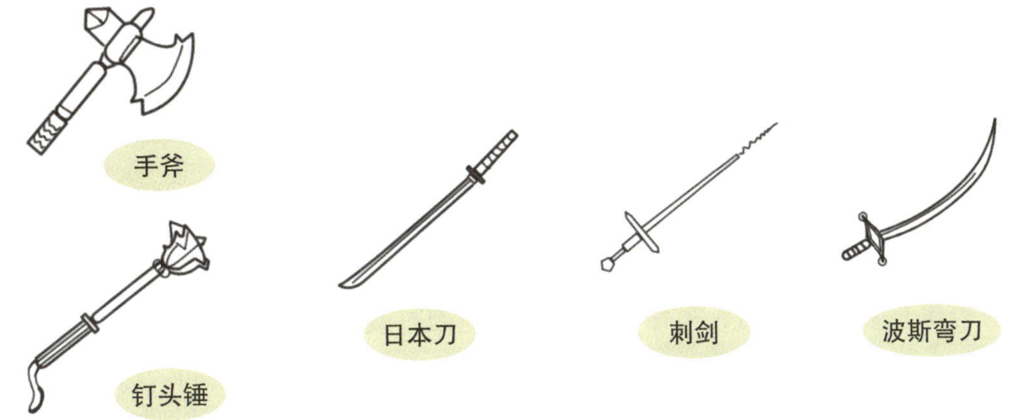

长兵器

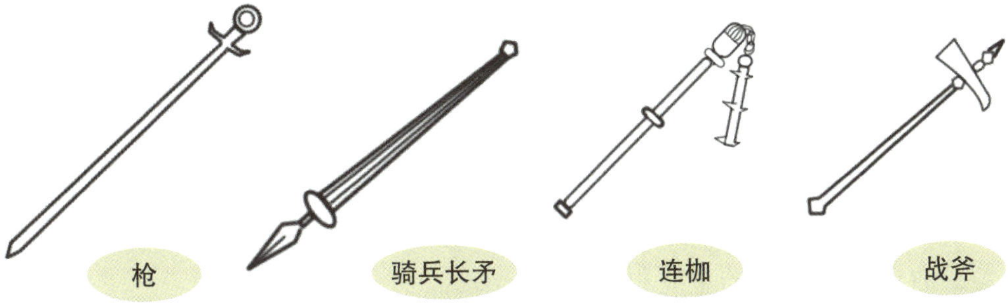

投射兵器

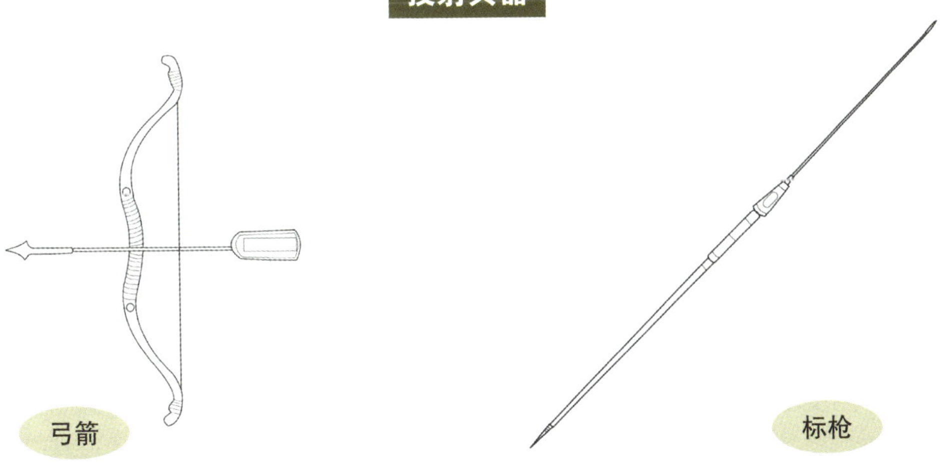

No.007 古代武器的锻造

通过锻造，能够将铁金属中碳元素有效地去除，从而提高武器的硬度和韧性，因此，武器的冶炼成为至关重要的环节。

锻造对武器材质的影响

一提到锻造，大多数人就会联想到满头大汗的铁匠们将烧红的铁块用锤子不断地敲打着的画面。相信大家都知道，通过冶炼可以让铁变得更加坚硬，同时也更具韧性。那么，为什么经过连续地敲打就能让铁发生这样的变化呢？

铁的硬度是由其本身的碳含量来决定的，碳含量较高的铁叫“铸铁”，它的质地硬且脆，掉落在地上都可能会破碎。与之相对的，碳含量低的铁称为“软铁”，它的材质比较柔软并具有较强的延展性。从这两种铁的特性中不难看出，它们并不适合用来铸造武器。

锻造武器最为理想的材质是坚硬且具有相当延展性的铁，也就是它的硬度及韧性应介于铸铁和软铁之间。利用铁锤敲打产生的冲击力可以将烧红铁块（铁块烧红后会变软，更易于敲打成形）中的碳成分有效地去除，这一步骤称作“脱碳”，脱碳的铁块经过千锤百炼之后就会慢慢地变成“钢”，钢才是最适合制作武器的金属材料。

在古代，熟练的铁匠在打造别人定制的武器时，必须先锻造出碳含量符合武器用途的铁（钢），同时，还会考虑到定制人的使用方法及习惯。当时，铁匠们并没有什么仪器可以检测出铁（钢）当中的碳含量，锻造武器时完全凭的是自己的直觉和多年铸造武器的经验，即便如此，依然打造出许多传世名器，足见古代铁匠技艺之高超。

想要锻造出品质精良的钢，就必须严格地遵循诸多繁琐的加工步骤。可是，当战争中需要锻造大量兵器的时候，往往就会省略锻造的步骤以扩大兵器的产量。这也就是为什么铸造师精心打造的武器和市面上批量铸造生产的兵器在强度、韧度上差距很大的原因。

脱碳的过程

铸铁（生铁）

含碳量 2% 以上

硬而脆

锤炼脱碳

钢

含碳量 0.02%~2%

坚硬并富有延展性

继续锤炼

熟铁

含碳量低于 0.02%

柔软并富有延展性

关键在于碳含量

※ 根据碳含量的不同，铁在不同时期、地区的分类都有所不同，现代一般将钢和软铁统称为“软铁”，然后再视其碳含量细分为“软钢”、“硬钢”等

No.008 剑的材质与外形有何关联

各个时期铸剑使用的材质都有所不同，外形上也存在着较大的变化，那么，材质对剑的外形有着什么样的影响呢？

剑的材质不断进化

根据剑身宽度的不同，剑有着不同的使用方法。简单来说，宽剑比较适合劈、扫，而较细的剑则更适合突刺。但是，细剑是铁匠掌握炼铁成钢的方法以后方能锻造的，在此之前，由于其所掌握的技术并不足以锻造出外形轻巧又富有相当硬度的剑，因此，当时所有的剑都是又宽又厚的笨重模样。

在钢发明之前，剑的强化主要通过“淬火”这一方式，即将烧红的铁块放进水里令其急速冷却，使表面的铁质碳化以达到增强硬度的目的。然而，淬火所强化的只是剑的表面，它的内部结构还是比较脆弱的。

采用淬火炼成的剑经过多次与硬物碰撞、与刀、剑互斫以后，很容易变形或者折断。因此，以前铸剑的时候，铁匠常常通过加宽剑身的宽度，特别是剑身根部，来增加剑的硬度。

加宽剑身固然能够起到强化硬度的效果，但是这种方法同时也相应地增加了武器的重量，于是，古代的铁匠想到了在剑身上增加血槽来减轻剑的整体重量的方法。一般研究认为，剑上血槽的主要作用是加快血液流量，排出空气防止鲜血溅出，避免剑无法顺利拔出。事实上，并没有证据证明剑上有血槽和无血槽能够对剑的拔出有任何影响。与这种说法相比，用来减轻重量的作用显得更为重要。

炼钢法得到普及以后，剑身的硬度得到了保证，因此也没必要再特意加固剑身根部，剑身开始变得越来越细、越来越薄。随着剑身的大幅轻量化，剑的战斗方式也由劈、扫为主的攻击方式逐渐演化成更为有效的突刺攻击。

材质与武器外形上的关系

早期西洋长剑

剑身较宽，设有血槽

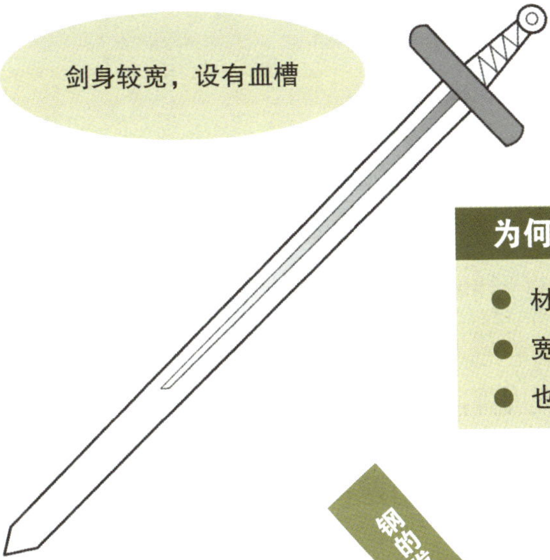

为何剑身较宽？

- 材质粗劣，为了保证强度只能加宽剑身
- 宽剑太重，需要通过血槽减轻重量
- 也可能为了追求威力故意加宽剑身

钢的发明与普及

16 世纪以后的西洋长剑

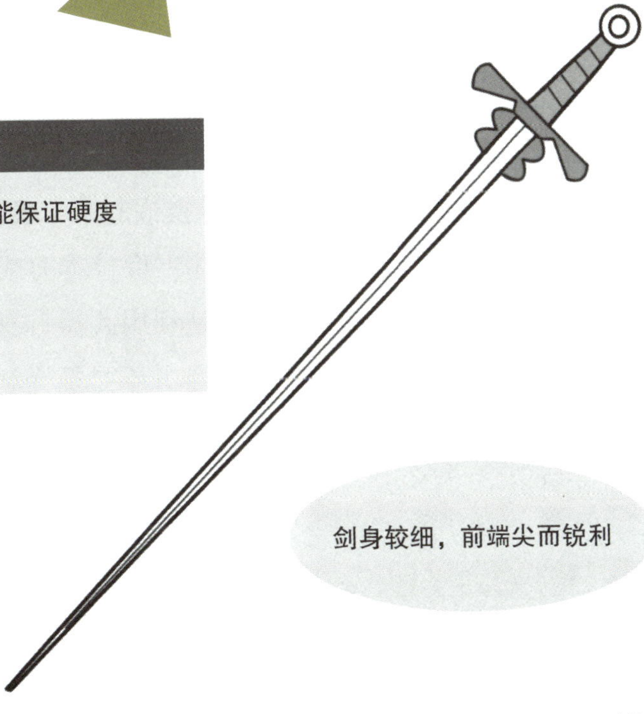

为何剑身较细？

- 材质进化以后较细的剑身也能保证硬度
- 方便突刺
- 便于携带
- 看起来轻巧、帅气

剑身较细，前端尖而锐利

No.009 剑有什么特点

在古代，不管是东方还是西方，剑都是一种比较特殊的武器，它除了用来进攻之外，更多的是身份的象征。

身份的象征

剑的定义在东、西方是不同的，古代西方剑包括有双刃剑和直剑，他们认为刀也是剑的一种，即单刃剑。而在东方的中华文明中，人们认为，剑和刀分属于不同的两种武器，剑是双刃直形的，而刀是单刃弯形的。中国剑一般由剑身和剑柄两部分组成，剑身还包括剑尖、剑刃、剑脊等。

中世纪欧洲的骑士都会配剑，但是他们却不一定将其当做战斗的首要武器。这是因为在战斗中，他们更多考虑的是武器的有效杀伤性，在马上使用威力更大的斧、锤、枪等武器比剑更为实用。剑往往被他们视为力量的象征，身份的标志，而不单单是作为武器这一简单用途。

就构造而言，对材质非常挑剔的剑所需要的金属甚至比枪、锤等武器还要多。因而在古代，不管是东方还是西方，金属的精炼技术还不够发达，只有身份高贵的人才能使用佩剑。因此，佩剑作为身份象征的意义往往要大于作为武器的用途。王公贵族要彰显身份的时候，是不会考虑将锤子这样笨重的武器精心雕琢后随身携带的，而是想尽办法在自己佩剑的剑柄、剑鞘上做文章，使用大量的贵金属、宝石等镶嵌起来，极力追求华丽美观。

剑虽然也有刃，但是其刃部并不像日本刀或者波斯弯刀那样锋锐，并非直接寄希望于斩切对方，更多的是利用武器自身的重量和使用者的力量来增加劈砍的威力，所以，哪怕剑的刃部并不是很锋利，它也能轻易地将目标撕开。如果使用者的力量足够大，还想要再增加剑的威力的话，只需要增加剑身的重量就可以了。

剑的基本结构组成

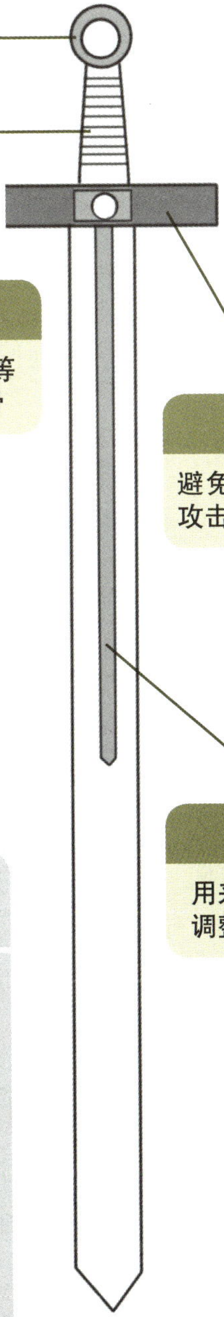

剑刃的种类

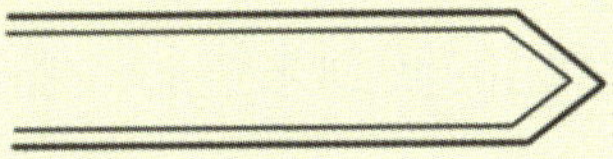

双刃

单刃

假刃

剑的形状

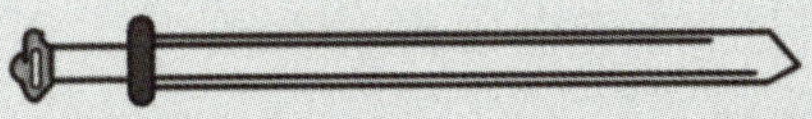

直刃

弯刀

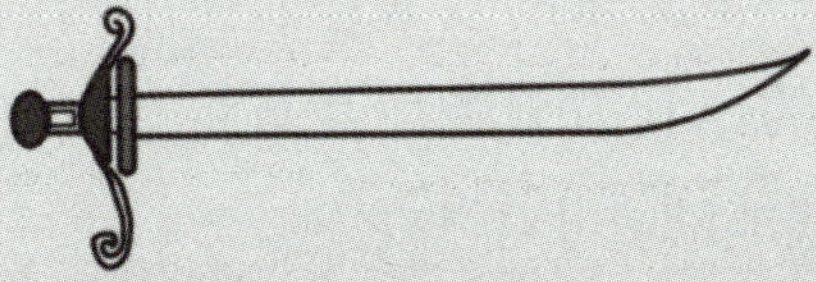

半弯刀（根部是直刃，前端弯曲）

No.010 刀与剑之间的 PK

刀、剑从古至今就是近身搏击中使用范围最广的两种冷兵器，关于这两种武器的孰强孰弱的争议从来就没有停止过。

刀与剑之间的王者争霸

刀和剑是最为常见的两种冷兵器，从古至今都不乏有人将它们拿来比较，孰强孰弱至今都没有一个完全的定论。下面，我们就以这两种武器的典型代表，同一时期的东方日本贵族使用的太刀与西方骑士常用的阔剑来进行一番对比，让读者自行判断。

日本太刀是一种单刃的刀系武器，在战斗中更多的是用其自身的利刃来斩切目标。因此，在进攻时持刀者需要将其刀刃砍进目标的身体，通常会采用攻击对手的要害及没有佩戴防具的部位，令对手大量出血丧失攻击力直至死亡的战斗方式。正是因为日本太刀采用的是这种攻击方式，它的刀刃部需要始终保证锋利状态，否则日本太刀的威力就会大为降低。如果遇上对手身穿厚重的金属铠甲时，日本太刀的优势就会被严重削弱，能够发挥出来的作用可能还不如一根铁棒子。

相比之下，西方阔剑的攻击方式则要丰富得多，可选择劈、横扫、突刺等重击方式，即便面对身着铠甲的对手，也能有效地将其杀伤。西方阔剑往往并没有开刃，这是因为当时西方的金属铠甲已经相当普及，过薄的利刃并不能有效地将金属铠甲劈开。擅长劈砍的阔剑在攻击时更侧重于猛力砍砸，剑身厚重的阔剑只要击中对方，就能给对手造成非常严重的伤害。

当分别持有阔剑与太刀的两人进行较量的时候，使用太刀者必须要避免与对手发生正面的碰撞，尽量闪避，在闪避中准确地寻找出对手的破绽，伺机攻击对手的要害部位，务求达到一击必杀的效果；而使用阔剑者则需要侧重于正面的劈砍，直接将对手太刀的锋利刀刃破坏甚至将其直接斩断，一旦对方的太刀被破坏掉，使用阔剑者就能够立于不败之地。

西方阔剑 VS 日本太刀

剑的优势

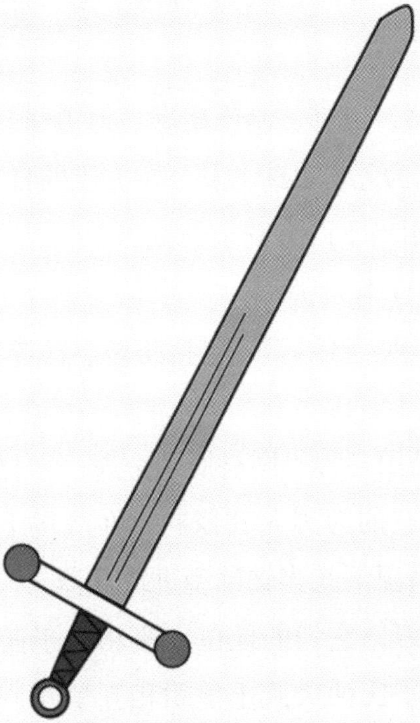

- 硬度极高
- 重心接近腕部

基本战术

- 尽力劈砍，破坏敌人刀刃
- 注意格挡防御

刀的优势

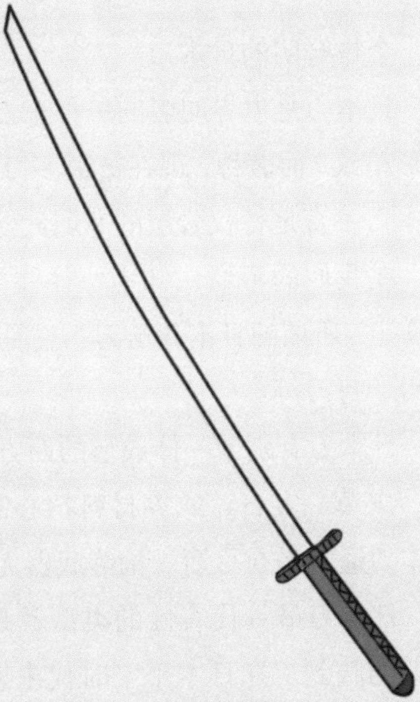

- 刀锋锐利
- 刀身弯曲，重心适中

基本战术

- 战斗中避免和敌人互斫，寻找破绽，伺机反攻

No.011 日本刀

日本刀是一种非常具有代表性的近战武器，在日本，它不仅仅是最常见的武器，更是身份的象征。

1
2
3
4

个性鲜明的日本刀

日本刀是世界闻名的一种东方刀系冷兵器，以其“制作精湛、刀刃锋利、外形精致”而著称，现在被很多刀具爱好者作为艺术品来收藏。在古代的日本，日本刀一直是特权阶层的专属武器，其地位相当于西方骑士的佩剑。

在我们的习惯认知中，往往会将所有的日本刀都称为“日本武士刀”，事实上，所谓的日本武士刀不过是日本刀的一种，日本刀还包括胁差、忍者刀、太刀、打刀等。

日本刀有别于一体成形的西方刀剑，它是用各种不同材质的金属、木材、竹、皮革、宝石、线等材料精心制作而成，它的刀刃尤其锋利。在战场上，日本刀通常是在弓箭、枪等武器无法使用的情况下充当辅助型进攻武器。

日本刀最具代表性的类型就是太刀和打刀，它们的地位大概相当于西方同期的阔剑。在日本平安时代末期，源氏和平氏两大武士集团相互争斗，当时武士使用的是太刀，而刺客使用的是打刀。从外观上看，这两种刀几无二致，其区别主要在于刀鞘的配置不同。其中，太刀的刀鞘前后各有一个用来绑绳头的金属环扣，以方便使用者佩挂在腰间；而打刀的刀鞘则比较简约，并无类似的环扣，使用者通常多是直接插在腰带里。另外，注重拔刀流畅度的打刀一般是刀刃朝上别在腰带里，因此，也可以从使用者刀鞘的朝向来区分二者。

在日本的江户时代，日本刀甚至已经被赋予了“身份证明”的识别作用，除了武士，其他的人是不得同时佩戴打刀和胁差（小太刀）的。而这时的日本刀已不再是战场的主要近身攻击武器，更多的是用于防身、暗杀、决斗等。

值得一提的是，日本刀的起源和我国的唐刀有着相当密切的关系。

日本刀的基本结构

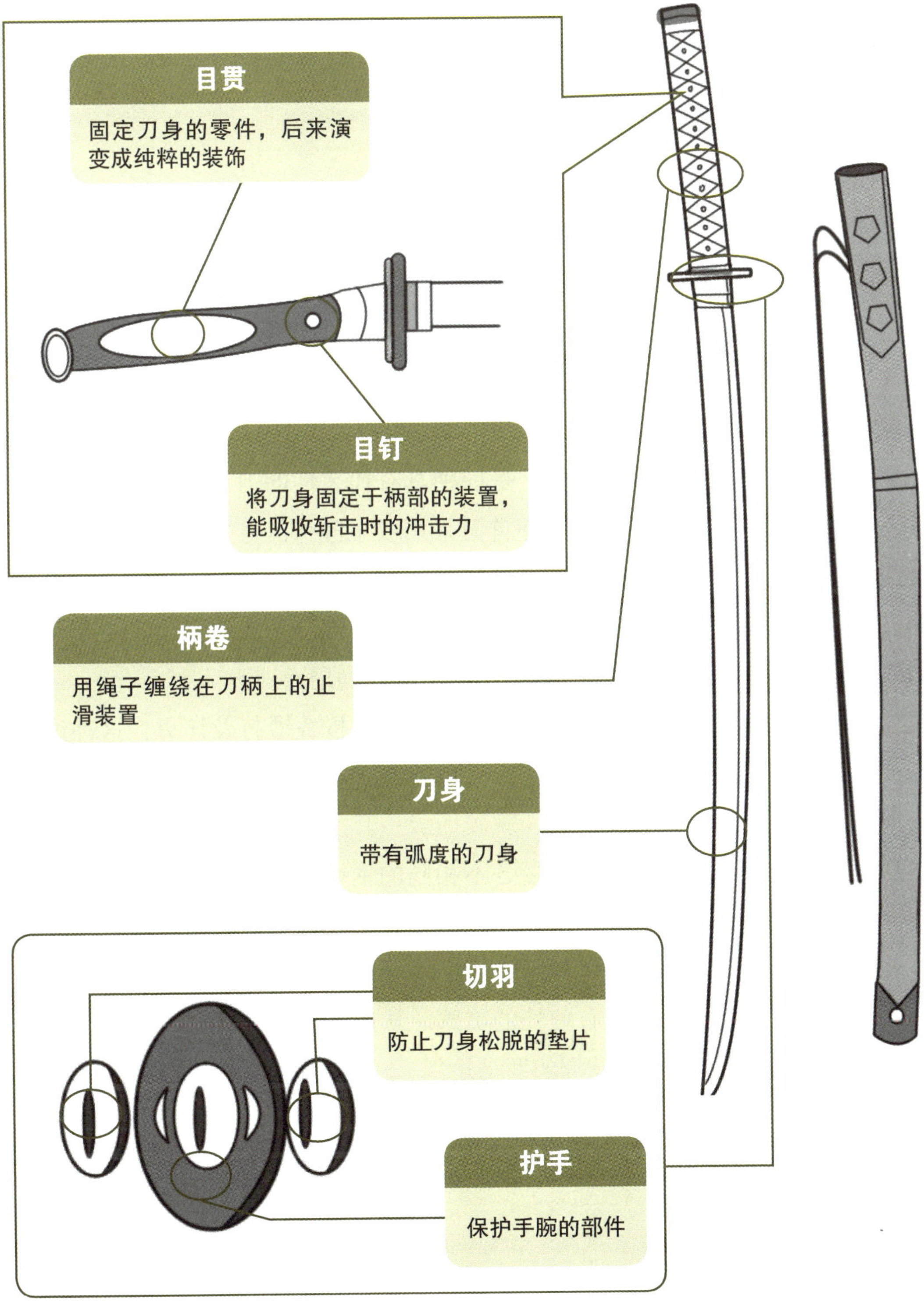

目贯
固定刀身的零件，后来演变成纯粹的装饰
目钉
将刀身固定于柄部的装置，能吸收斩击时的冲击力
柄卷
用绳子缠绕在刀柄上的止滑装置
刀身
带有弧度的刀身
切羽
防止刀身松脱的垫片
护手
保护手腕的部件

No.012 中国环首刀

环首刀在我国古代冷兵器发展史上有着极为重要的地位，它独特的造型和巨大的杀伤力对后世刀系武器的发展产生了深远的影响。

环首刀的发展

环首刀诞生于中国的西汉时期，它是当时世界上最先进、杀伤力最强的近战冷兵器，它的外形为“直刃长刀”，在汉王朝和匈奴的战争中发挥出巨大的作用，甚至还存在着一种说法是“环首刀打败了匈奴”。由于汉代尚武，墓葬中多有兵器殉葬，通过考古使得汉代环首刀出土甚多，我们今天才得以一窥其貌。

环首刀在中国冷兵器发展史上是一种具有代表性的刀系武器，它在实用性及美学方面达到了一个平衡。环首刀采用双手握持的方式，能够加强攻击时的力度，在刀柄的金属环内还能坠挂饰物和刀穗。环首刀“单刃、厚脊”的设计，非常便于骑兵在马上砍杀。环首刀的出现，大大加强了汉王朝骑兵的战斗力，一举逆转了汉军在对匈奴作战中的不利局面。

汉代环首刀在制作中首先要经过不断地反复折叠锻打及淬火，这种锻造法被称为百炼钢。所谓“百炼钢”，简单地说就是将冶好的铁块经过不断加热折叠锻打，去掉氧化物、杂质、脱碳而成。其次，汉代环首刀还使用了钢铁复合的加工工艺，它是把含碳量各不相同的钢铁按不同层次锻打为一体，使得刀身刚柔相济，即使是在剧烈的战斗中也不会变形断裂，通过热处理和淬火工艺来让刀刃变得更加坚韧。最后，还必须经过精细的研磨工序，使其刀刃在保持锋利的同时还具有独特的美感。从出土的汉代环首刀发现，它的制作工艺要明显优于同时期欧洲的罗马短剑。

进入隋唐时期以后，环首刀衍生出了中国历史上著名的“唐刀”。在汉代环首刀的基础上，唐刀更加注重装饰，外表越发华美富丽。

环首刀的基本结构

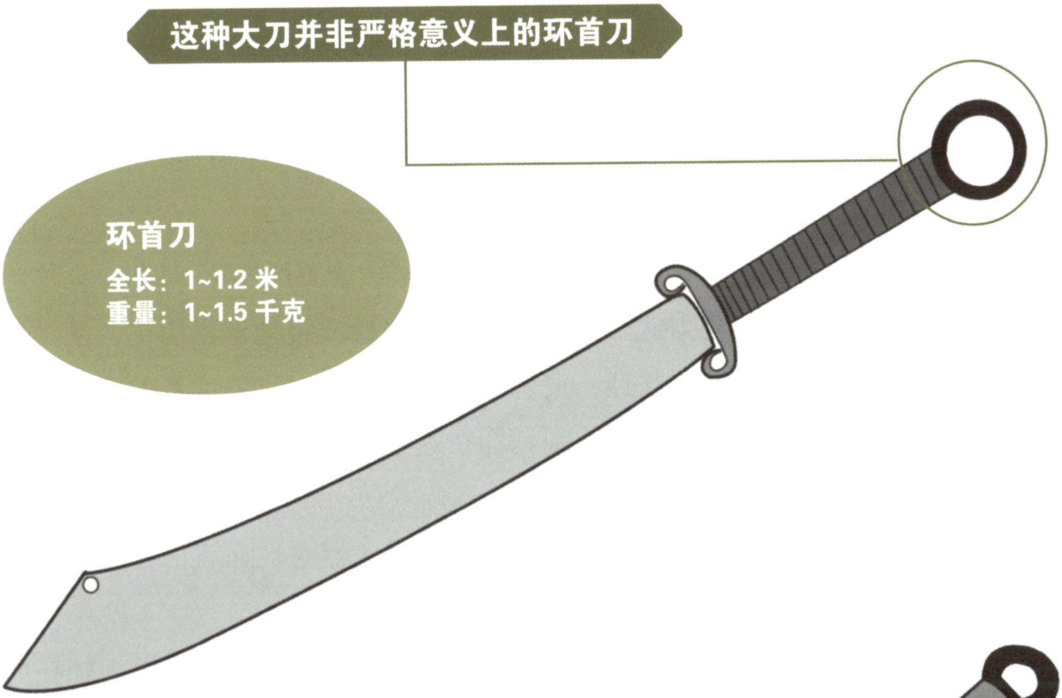
这种大刀并非严格意义上的环首刀
环首刀
全长：1~1.2 米
重量：1~1.5 千克

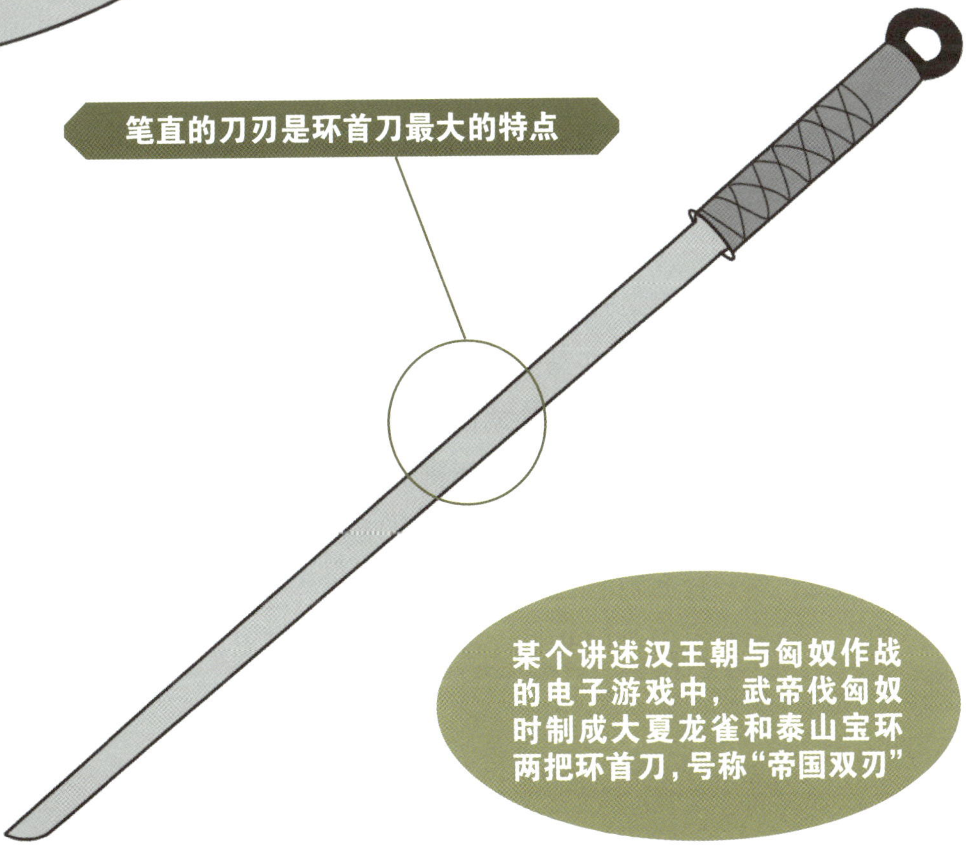
笔直的刀刃是环首刀最大的特点
某个讲述汉王朝与匈奴作战的电子游戏中，武帝伐匈奴时制成大夏龙雀和泰山宝环两把环首刀，号称“帝国双刃”

No.013 西方阔剑

阔剑在很长的一段时间内都是西方骑兵的常备武器，宽厚的剑身是阔剑的典型标志。

1
2
3
4

阔剑及其实战应用

阔剑是十七世纪以来欧洲骑兵的主要冷兵器。然而在这一时期，火枪已经逐渐成为欧洲军队的主力武器，厚重的盔甲开始慢慢地退出历史，西洋剑等轻型冷兵器变得越来越受欢迎，突刺攻击也成为当时剑系武器的主要攻击方式。可是就是此时，擅长斩击的阔剑却在这个与之格格不入的时代深受骑兵们钟爱。

阔剑的“阔”是与西洋剑等当时的主流剑系武器对比而言的，事实上，其宽度与当时的长剑、混用剑并无二致。

阔剑主要是配备给骑兵使用的，骑兵们在发起冲锋时会先把阔剑扛在肩上备战，冲锋后纵马到了与对手交错的位置时只需奋力将阔剑挥向对手即可，这种战法在步骑混战中尤为有效。阔剑强大的斩击威力在这种战场上发挥得淋漓尽致。甚至在力拼西洋剑这一类硬度较差的武器时，阔剑可以轻易地将其砍断。

阔剑虽然是一种用来砍劈的重型武器，但是它的剑柄却是供单手使用的，这是考虑到阔剑是供骑兵在马上使用的原因。由于单手挥击的力量有限，骑兵在使用阔剑时切忌一股脑儿地胡乱挥砍，必须要遵循一定的招数。而许多骑兵在战斗时并不习惯使用沉重的阔剑进行挥砍，稍微轻巧一些的军刀也是一个不错的选择。军刀的刀背宽厚，也是骑兵常用的武器，与阔剑不同，军刀刀尖尖锐，是一种突刺型的武器。

其实，阔剑与军刀之间并无优劣之分，骑兵可以根据实际情况和个人习惯有选择地使用。

阔剑的基本结构

- 相对于西洋剑而言，剑身较宽
- 装有护指的剑柄

阔剑

全长：70~80 厘米
重量：约 1.5 千克

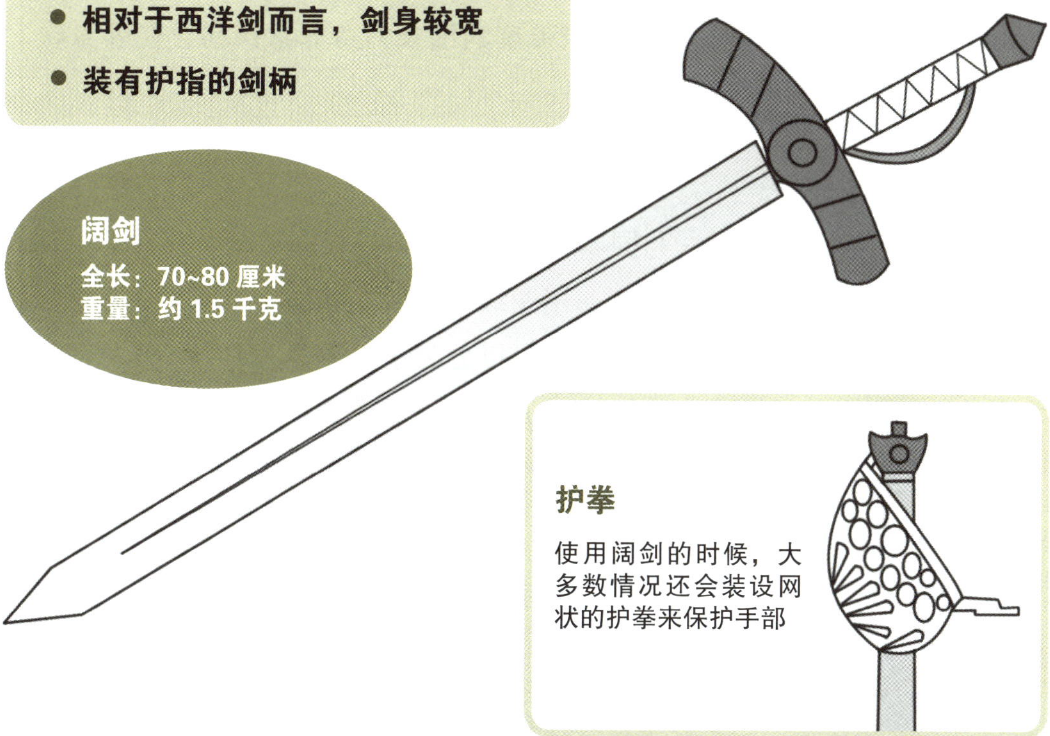

护拳

使用阔剑的时候，大多数情况还会装设网状的护拳来保护手部

阔剑和军刀使用方法的差异

阔剑

在错身之际砍击敌兵；
攻击范围较广

军刀

可以像长矛一样突刺；
攻击范围仅限于前方

No.014 日本太刀

太刀是日本刀的代表，略带弧度的细长刀身非常锋利，在近身砍杀时的效果尤为突出。

太刀的特点

太刀是日本刀的一种，与同属日本刀的打刀仅仅在刀鞘上存在着少许区别。太刀的刀鞘上有两个金属环，用绸缎穿过后能够挂在腰间，令其更加便于携带。根据太刀的大小不同，太刀可以分为小太刀、大太刀等几种，不同大小的太刀用途各不相同，因此，太刀在战场上的使用相当广泛。

太刀的制作要求相当严苛，需要经过一些繁复的锻造步骤，刀身先是经过反复数次的锤炼和淬火锻造，刀刃、刀脊、刀芯更是加入了石英粉和木炭粉来增加硬度，再加上后期的研磨、雕饰、装置套柄等步骤才能算大功告成。

太刀原本是日本贵族在参加朝会、仪式时所佩戴的礼器，必须按照皇室规定的衣冠束带、规定的系绳将太刀悬于腰际。后来，随着武士阶层的崛起，太刀被简化掉各种纹饰，供武士当做武器使用。它的携带方式并没有改变，依然是挂在腰间，拔刀时必须先用另一只手按住鞘口方能出刀。

太刀弯曲的刀身在向目标下部挥击时尤为有效，特有的刀刃弧度能在斩击时减少目标对刀身的冲击力。太刀的出现，将地面近身混战的方式从徒步引向骑乘方式的转变。

有人认为，太刀的圆弧形刀身原本就是为了方便骑马者使用而设计的，然而事实上，在当时，弓箭、长枪等武器的使用已经十分广泛，如果再选择攻击距离有限的太刀会明显令自己处于不利的位置，因此，这种说法的可能性并不高。其实，太刀本身就是一种步战近程武器。不过，为了增加太刀的威力，有一些武士更喜欢选择大一点、重一点的太刀，后来还发展出一种将大太刀刀柄加长的“长卷”。

太刀的外部基本结构

太刀
全长：多为 0.9~1.1 米
重量：约 1.3 千克

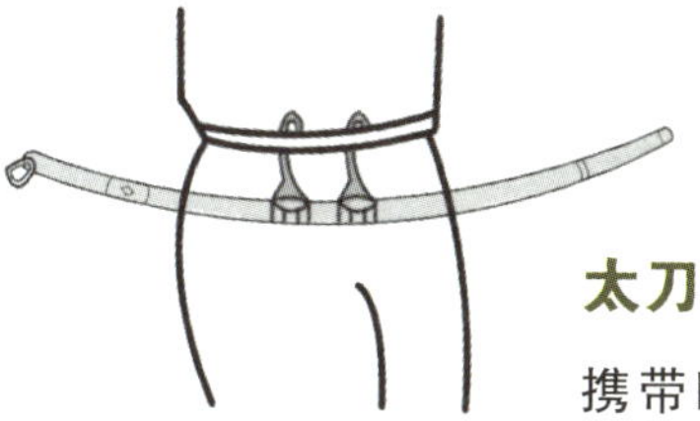

太刀的携带方法

携带时将下绪绑在刀鞘的金属装具上，刀刃向下

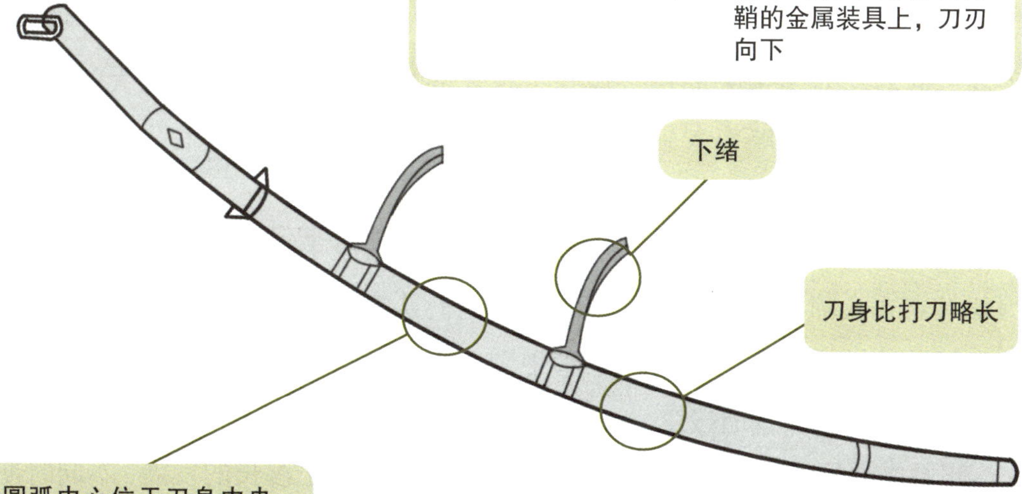

太刀的分类

小太刀
刀身短于 60 厘米

太刀
刀身 60~90 厘米

大太刀
刀身超过 90 厘米

关于太刀的分类方法众说纷纭，以上的这种分类方法最为普遍

No.015 欧洲骑士的最爱：手半剑

手半剑是西方剑系武器中比较常见的一个类型，其大小居于单手剑和双手剑之间，也被称作“杂种剑”或“单双手混合剑”。

手半剑的实际使用效果

中世纪末期，由于冶炼技术的不断提高，铠甲的防御力大幅度提升，单手剑等武器给对手带来的伤害遭到了很大的削弱。然而，威力巨大的双手剑在战场上灵活度又略有欠缺。综合上述因素，在十三世纪左右，加长版单手剑开始出现，这也正是手半剑的初期雏形。

手半剑的实用性和威力毋庸置疑，然而真正令手半剑得到广泛使用的原因却有点令人啼笑皆非。由于当时的骑士们认定剑必须挂在腰间，这样才有骑士风范，而手半剑的威力大于单手剑，形状又小于双手剑，正好满足了他们的要求，因此被普遍接受。

正是需要同时满足以上的几个因素，手半剑经过了漫长的发展，不同时期、不同地区的铁匠制造出了五花八门、不同样式的手半剑，各方面几近完美的手半剑最终得以诞生。

手半剑堪称剑系武器历史上的里程碑，它全长1.2~1.4米，剑柄可以双手持握，在剑身上开有血槽，而且它的剑尖非常尖锐。集阔剑的灵活，骑士剑的突刺，双手剑的劈砍、斩击，长剑的经典于一体，无论双手还是单手配合盾牌都能发挥出巨大威力，手半剑可以说是最完美的西方剑。

其中，最为经典的是德式手半剑，它的外形优雅华丽，可以完美地配合优雅的德式剑术。德式手半剑十分讲究重心平衡，这样的设计不仅保证了手半剑的攻击速度，还有利于用比较重的剑身后部和十字护手格挡防守，可谓是一件“攻防一体”的利器。

手半剑的基本结构

手半剑
全长：1.2~1.4 米
重量：2.5~3 千克

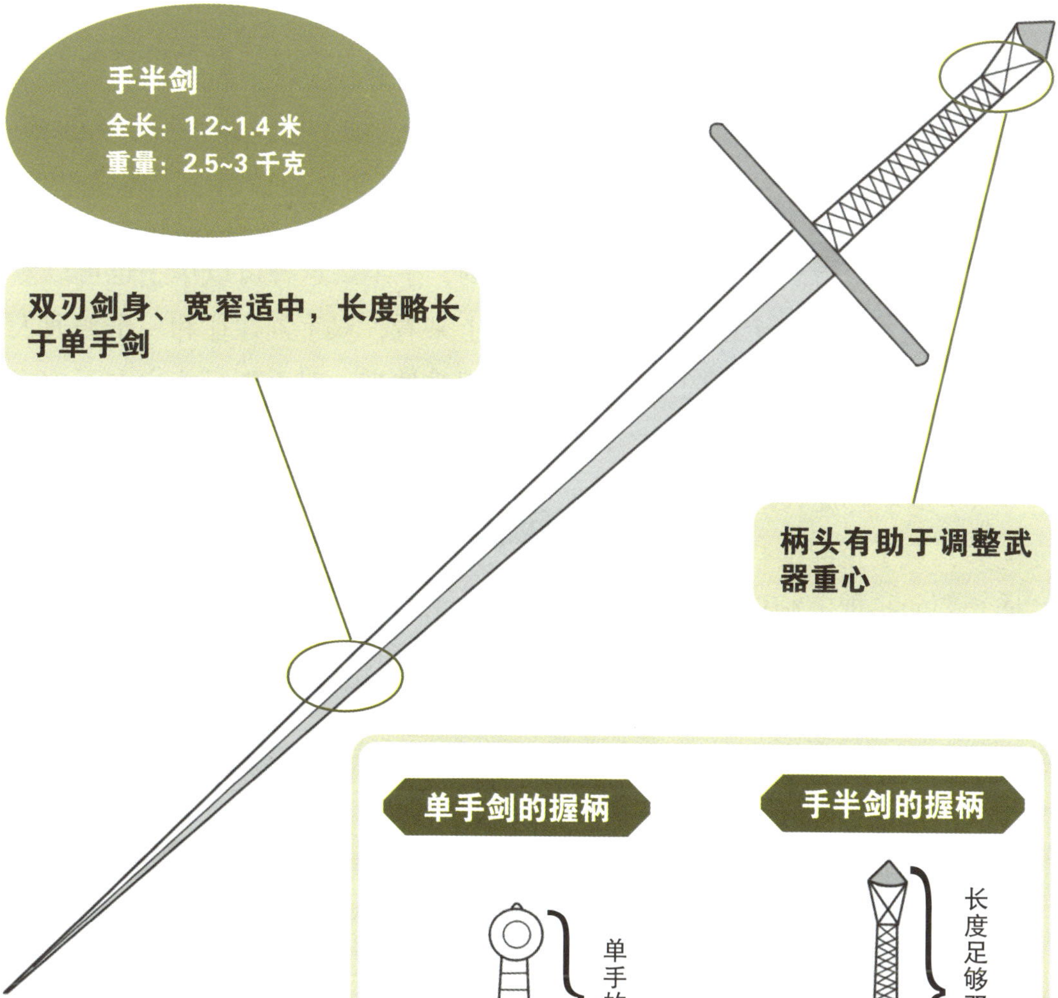

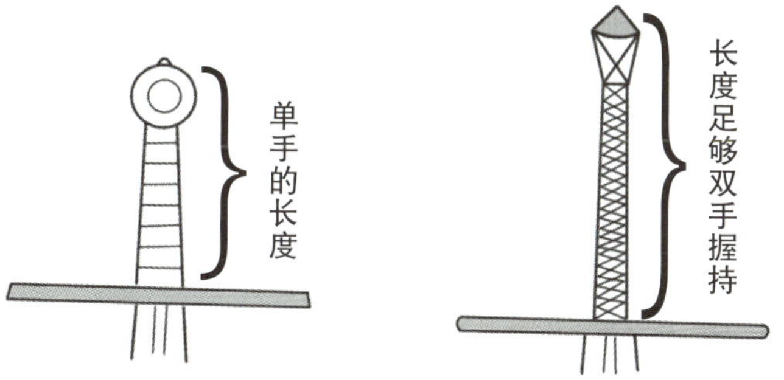

从名称便知，手半剑的剑柄虽然不及双手剑，但是用双手来握持还是足够的

手半剑的优势

单、双手都能握持是它最大的优势，平时可以单手持剑、盾作战，攻防兼顾；紧要关头时可以双手持剑进行全力攻击。手半剑不像双手剑那般笨重，不会影响使用者移动

No.016 西方双手剑

双手剑几乎涵盖了所有的大型西方剑系武器，它是一种使劈砍能力得到大大加强的大型剑。

横扫千军、威力惊人的双手剑

双手剑，特指需要双手才能使用的大剑，手半剑这种可以单手也可以双手使用的剑并不在这个范畴之内。从长度上来看，双手剑往往和一个普通人的身高差不多，如此巨大的外形注定了它很难携带。双手剑只能拿在手中或者背在身后，无法收纳到剑鞘之中。

双手剑堪称庞大的体形成就了它惊人的威力，在战斗中，只需利用其长度优势，双手抡起横扫过去，面前的敌人就会受到沉重的打击；利用其接近长柄武器的长度突刺也不失为一种有效的攻击方式。唯独例外的是，使用双手剑的时候，由上而下的劈砍是大忌，过重的剑身会在劈砍过后收回剑身的过程中出现巨大的破绽。

通常，双手剑常常被用来砍断对手的长枪枪头、破坏对方的枪兵阵势，但是，由于双手剑过于笨重，混战中要特别小心对手欺近身前，妨碍自己的全力施展。

在双手剑当中，最为出名的要数苏格兰阔剑和日耳曼双手大剑了。

苏格兰阔剑的最大特征就是其剑锋一侧的护手末端有三四个一组的环状装饰，最早是苏格兰高地人使用的，“苏格兰阔剑”（Claymore）一词来源于盖尔语“巨大的剑”（Claidhemoha mor）。这种武器已经成为“大剑”的代名词。

日耳曼双手大剑的形状有别于其他的双手剑，最大的特征是在剑身和剑柄的连接处采用了无刃根部的结构，方便使用者握住此处，从而在挥扫、戳刺中更加有效。除了战斗用途以外，无刃根部也可以用皮带捆套，方便携带。当然，这种无刃根部的设计并非日耳曼双手大剑的专利，其他一些双手剑或者西洋剑也有类似的结构。

双手使用的大型剑

双手剑

全长：1~2 米

重量：2~4 千克

极具特色的环状装饰

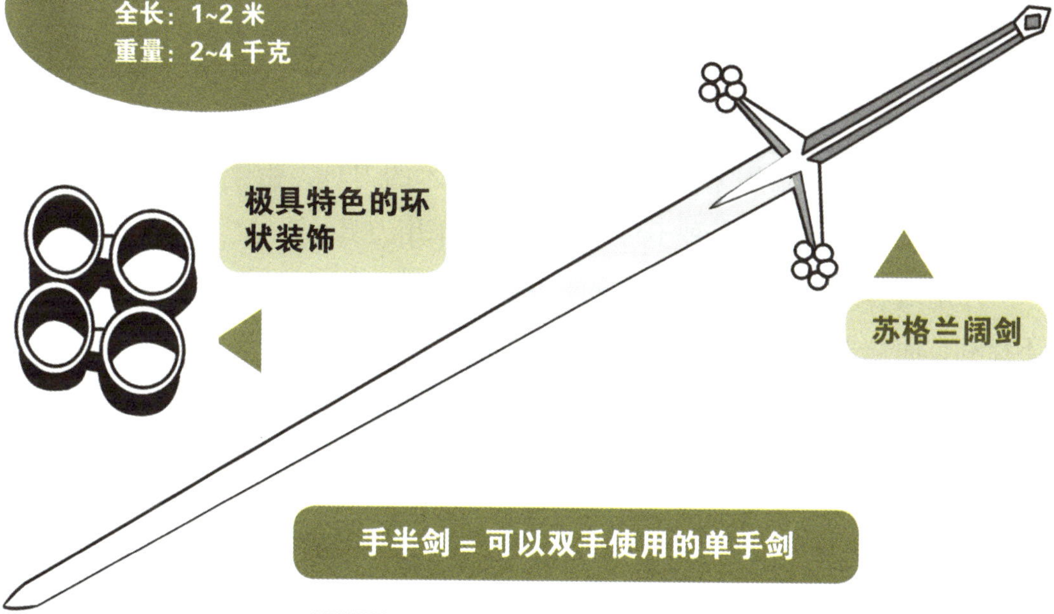

苏格兰阔剑

手半剑 = 可以双手使用的单手剑

双手剑 = 只能双手使用的剑

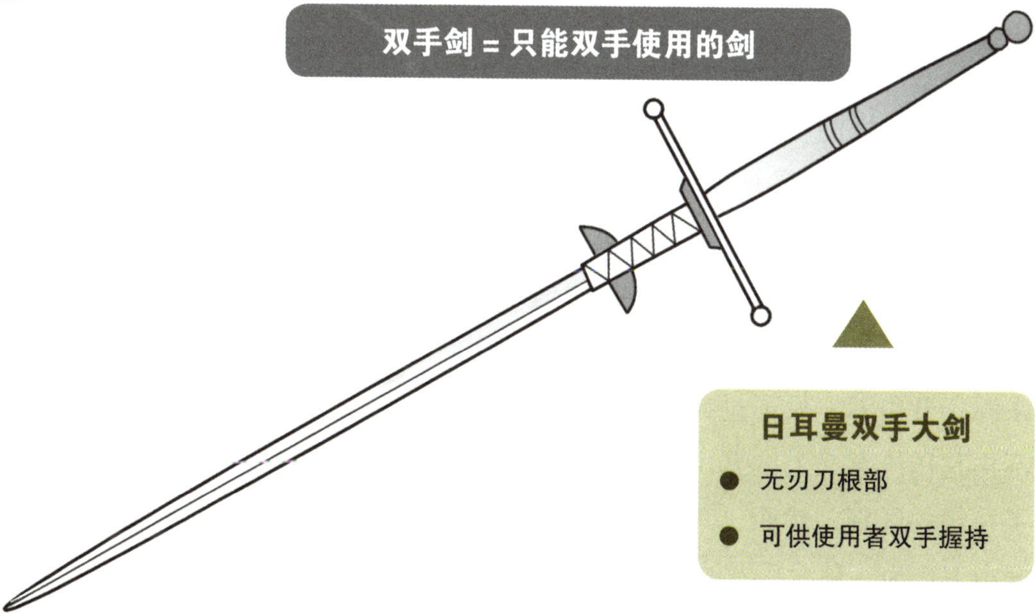

日耳曼双手大剑

- 无刃刀根部
- 可供使用者双手握持

手半剑、日本刀等刀剑的剑柄长度都足够使用者两手握持，它的长度约为“两握”，而双手剑的剑柄长度为“3~4 握”

No.017 现代开山刀

开山刀原本是生活中的常用工具，其独特的外形使它在劈砍中的效果非常好，甚至要强于一些刀系武器。

生活工具变身军用刀具

开山刀原本是指用来披荆斩棘、砍柴伐木的刀具，由于其独特的造型和实用性，很快便成为了一种不可或缺的现代军用刀具。

开山刀与其他的刀系武器一样，也是采用单刃设计。但是，其刃部却并不锋利，而是采用了类似于斧子的构造，刃部较钝，侧重于利用力量的劈砍。它的刀脊较厚，实际重量要比同等大小的其他刀具大很多，因此，开山刀在劈砍中的威力也更大。虽然开山刀通常被认为是一种普通的民用刀具，但是它绝对能够当做武器来使用。开山刀的刀身前端较重，因此用前端砍击的威力要明显大于刀身根部。

廓尔喀弯刀是一种功能类似于开山刀的特种刀具，它是尼泊尔廓尔喀民族特有的一种小型廓尔喀刀。廓尔喀弯刀的外形短小，刃部比较锋利，刀身前端要比普通的开山刀更厚更重，方便使用者在茂密的丛林当中砍除草木荆棘。廓尔喀弯刀与普通的刀、剑相比，它的外形十分特别，刀刃位于圆弧内部，能够发挥出来的杀伤力是令人震惊的，锋利的刃部和厚重的刀背使得它的杀伤力得到了很大加强，廓尔喀弯刀的杀伤力要远远高于同等尺寸的普通刀、剑。

目前，军用的一些弯刀型匕首以及我们户外活动中常用的小型弯刀都是来源于开山刀，只不过在刀身的长度和厚度上都进行了重新设计，它们已经不再是传统意义上的开山刀了。虽然，它们在用途上与原本的开山刀已经有了一定的区别，然而，其衍生于开山刀的造型却也从另一个方面充分证明了开山刀作为一种冷兵器的成功。

传统廓尔喀弯刀与现代开山刀

廓尔喀弯刀

廓尔喀弯刀

全长：60~80 厘米
重量：0.6~1 千克

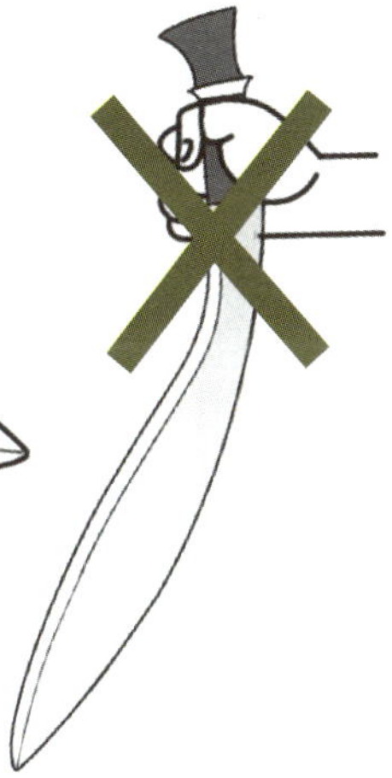

凹槽突出的铁栓是廓尔喀弯刀的独有设计

廓尔喀弯刀跟开山刀一样需要向下挥砍使用，不适合反手持刀

开山刀

开山刀

全长：0.5~1 米
重量：0.4~1 千克

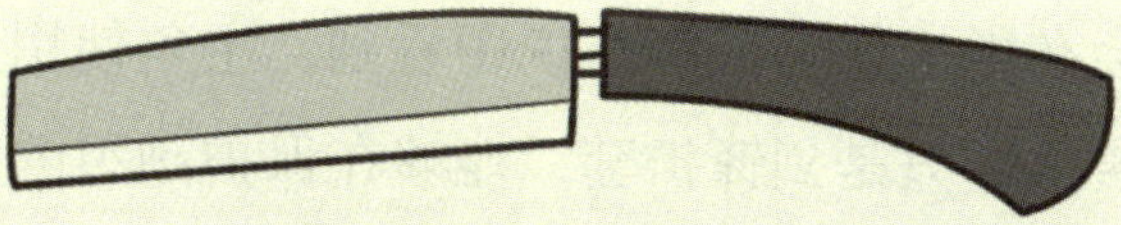

开山刀不是短剑或短刀那种利用利刃来切割的冷兵器，而是与斧头一样利用自身重量来劈砍的刀具

No.018 刀、剑应该如何携带

相比于枪、斧、锤等其他类型的冷兵器，刀、剑的方便易携性是显而易见的，因此，在冷兵器时代，刀、剑也是使用范围最广的武器。

既要安全方便地携带，又可以快速地进入战斗状态

刀、剑这两种武器由于其有效攻击范围有限及威力不足的原因，虽然在历史上发展得如火如荼，却一直未能成为战场的主力武器，经常被当做长柄兵器和投射兵器的备用武器，更多地被用于个人的近距防御。然而，正是因为刀、剑可以和其他武器一并使用，刀、剑成为了士兵必须随身携带的个人武器，人们于是想尽办法来研究更好地携带刀、剑的方法。

携带刀、剑最主要的一个目的，就是平时能够空出双手。如果在携带刀、剑的时候影响到了其他的动作，尤其是其他武器的使用，那就得不偿失了。于是，背负式和坠挂式成为了最主流的携带刀、剑方法。在肩头背负和腰间悬挂这两种方式不仅能够空出使用者的双手，更可以在需要的时候快速拔出刀剑，迅速进入战斗状态。起初，人们携带刀剑时多采用斜背的方式，但是使用中发现，刀、剑在人员移动中稳定性不强，安全系数不高，因此，逐渐被挂在腰间的坠挂式所取代。

一般情况下，刀、剑会挂在惯用手的反侧，剑柄对向惯用手，便于使用时能够迅速拔剑出鞘。较短的刀、剑则可以挂在惯用手同侧，随手就能直接拔出。古代西方骑士在同时携带西洋长剑和短刺剑时，一般会将短剑置于后腰，保证能够同时拔剑。

像双手剑之类的大型重剑不太适合挂在腰间，背在身后更是无法拔剑出鞘。因此，这样的刀剑往往并无剑鞘，而是直接手持携带。其实，双手剑这样的大剑通常是作为主要武器使用的，它在战斗中的威力已经不弱于枪这一类的长柄武器了。有时候我们会在影视作品或者小说中看到，主角使用剑套携带大型剑的场面，这种剑套通常都只是剑锋护套，能够在保护剑刃的同时可以快速进入战斗状态。

刀、剑携挂的位置

负在肩上

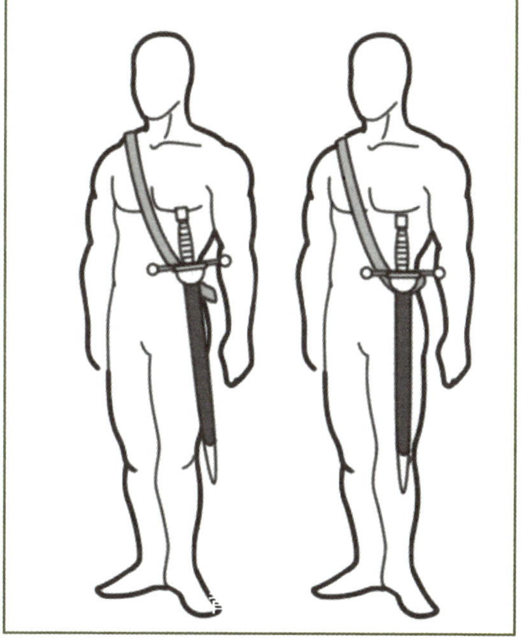

挂在腰间

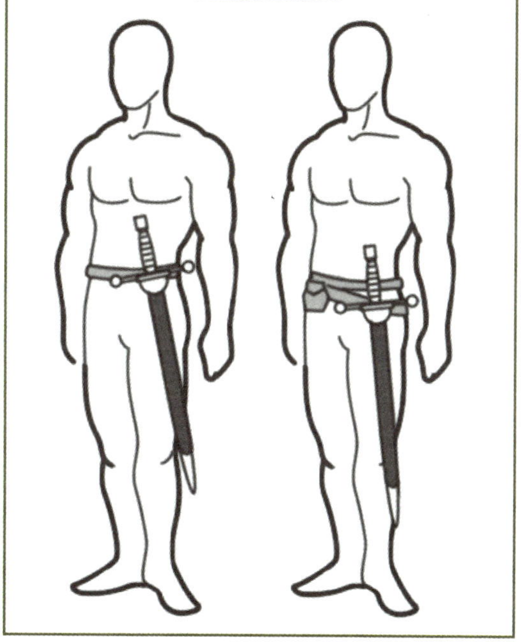

同时拔剑

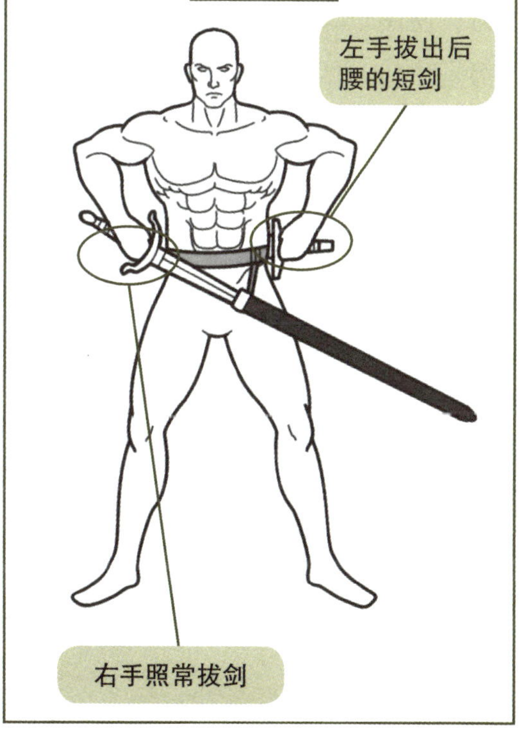

大型剑的剑套

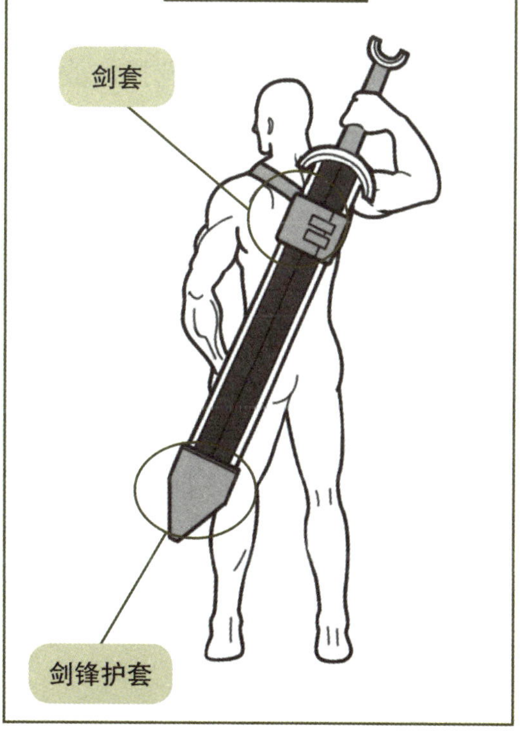

No.019 欧洲骑兵长矛

骑兵使用的长矛与步兵的有所不同，加重的枪身配合马匹的冲击力能发挥出惊人的杀伤力，它最为明显的特征是枪柄上的喇叭状护手。

欧洲骑兵长矛的使用特点

骑兵长矛特指的是欧洲骑兵的专用战斗长矛，该矛的枪身既长又重，如果没战马协助的话，根本就无法使用，甚至连搬运都要依靠战马的配合才行。长而重的枪身虽然使得骑兵长矛拥有惊人的贯穿力，但是也存在着使用起来非常不便的缺陷。如果是在紧急的遭遇战中，骑兵本身的力量根本不足以将长矛刺出。若是普通的长矛，就算无法突刺，起码还能用来横扫目标，而骑兵长矛的重心偏后，横扫的威力十分有限。

那么骑兵长矛究竟是如何使用的呢？首先，骑兵长矛的作战方式比较独特，在战斗中并不是骑兵举枪去刺，而是仅仅用长矛瞄准目标，依靠马匹奔跑的冲击力来杀伤目标。这种使用骑兵长矛的攻击方式叫做“长矛冲锋”，长矛的突刺和战马的冲锋都转化为战斗的直接杀伤力。使用长矛冲锋的关键一环就在于冲刺，所以，原则上骑兵选择作战的地点都是比较开阔的场地，他们首先会排列成冲锋队形，在完成一次冲锋之后往往会迅速脱离战场，令目标手足无措。不过，这并不意味着骑兵就是无敌的，他们必须随时防备从死角靠近的对手攻击马匹或将自己击下马匹。

骑兵长矛除了在战场上使用金属长矛之外，还有在马上骑枪竞技专用的木制长矛。所谓“骑枪竞技”，就是由两位全副武装的骑士面对面策马冲刺，在双方擦身而过的一瞬间，使用骑兵长矛将对方击落的竞赛。这种军事意义上的竞技不仅具有娱乐的效果，还能起到训练骑兵的作用。但是，如果在竞赛中使用金属长矛，必然会造成骑兵的无谓死伤。因此，这种木制长矛被故意制作得十分脆弱，在命中目标的同时本身就会碎裂，从而避免骑兵的死伤。

欧洲骑兵长矛的基本结构

骑兵长矛

全长：3.6~4.2 米
重量：3.5~4 千克

喇叭形护手

保护手部不被对方攻击到的包覆式设计

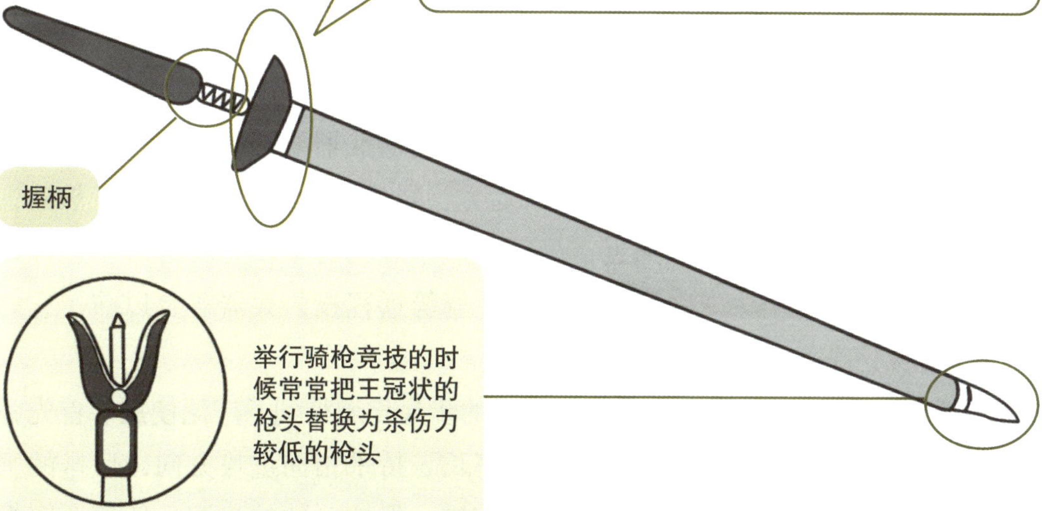

握柄

举行骑枪竞技的时候常常把王冠状的枪头替换为杀伤力较低的枪头

竞技用的骑枪

竞技骑枪

全长：2~2.5 米
重量：1.5~2.5 千克

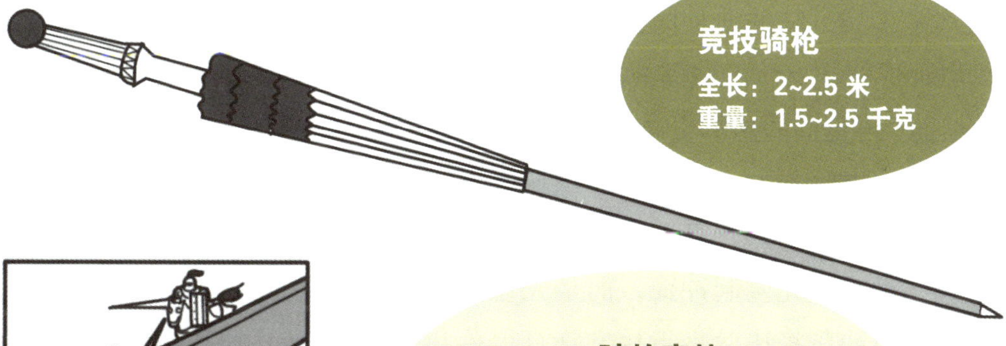

骑枪竞技

竞赛中双方都是左侧与对方接触，因此应把长枪提在左侧

No.020 欧洲步兵长矛

欧洲步兵长矛是古代西方步兵特有的武器，它的长度可达到五六米，在进攻和防御中，步兵长矛配合方阵队形时威力巨大。

步兵长矛和步兵方阵

欧洲步兵长矛指的是古代西方的步兵方阵中所使用的长矛，它的一般长度为 2~3 米，甚至还有 5~6 米长的长矛，能够在较远的距离攻击到对手。另一种配合盾牌使用的单手矛，它比长矛短很多，因此被称作“短矛”。不过，就算是短矛，在长度上也会比剑或者棍棒之类的武器要长一些。在进攻时，使用短矛的士兵通常会将身体藏在盾牌后方，同时举矛过肩恐吓对手，然后，士兵们接着组成队形向对手逼近，最后将短矛刺向对手，必要时短矛还可以当做标枪直接投掷出去。因此，在弓箭、弩等远程投射兵器普及以前，它一直都是战场上普通士兵的主力武器。

在步兵方阵出现以后，攻击距离更远的步兵长矛得到了广泛使用。首先，在采取进攻阵型时，己方的前排士兵会将长矛持平指向进攻方向，后排的士兵则依次将长矛前倾，在进攻当中稳步前进，保持一致的步调，任何企图靠近的对手都会在己方无穷无尽的长矛戳刺下伤亡殆尽；而在采取防御状态时，己方的步兵方阵会转换为更加密集的阵型，通过长矛来阻止对手的进攻。防御圆阵是步兵方阵的典型防御阵型，在步兵长矛和盾牌兵的有效配合下，步兵可以形成守中有攻的坚固战阵。

然而，再坚固的防御也总会有其漏洞。在公元553年的卡西林纳姆会战中，法兰克步兵方阵与拜占庭的骑兵遭遇，当法兰克步兵方阵被包围时，他们摆出了严密的防守阵型打算迎接对方骑兵的冲击。可是万万没想到的是，拜占庭骑兵并没有首先发起冲锋，而是先让弓箭手发起第一轮狂射进攻，随后，骑兵才急速冲刺将法兰克步兵方阵打得落花流水。一向稳健的法兰克步兵正是因为在面对拜占庭骑兵的这种新战法时犹豫不决，不知该坚持防御还是稳步进攻，最终遭受了巨大损失。

欧洲步兵长矛的基本结构

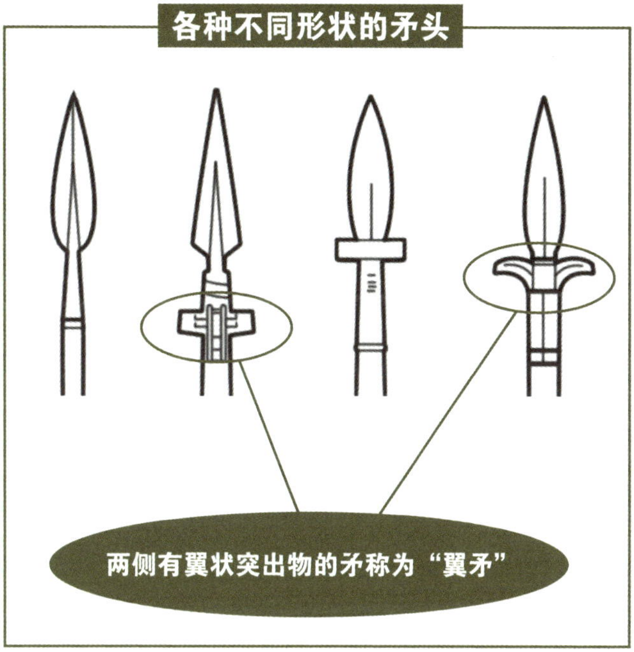

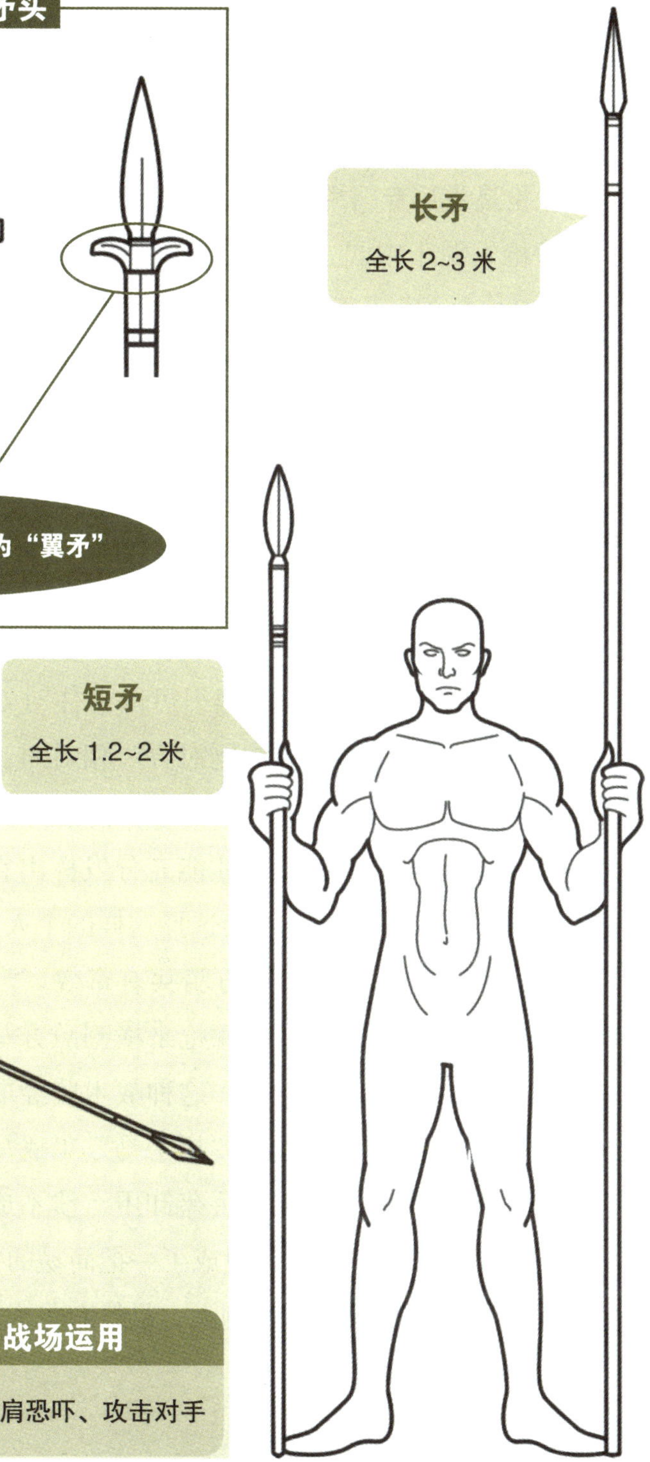

No.021 东方钩镰枪

钩镰枪是一种比较特别的长枪，整体像是一把加长的镰刀，是对付骑兵的利器。

钩镰枪是步兵专门用来对付骑兵的长柄武器

钩镰枪发源于中国古代，最早的钩镰枪是将镰刀用麻绳绑在长枪上，它也被称为“麻扎刀”。正如其名，钩镰枪的枪头锋刃上有一个类似镰刀的倒钩，一般可分为单侧设有镰刀的单镰枪和两侧都设有镰刀的双镰枪。由于加设的镰刀增加了枪头的重量，枪身的重心发生了变化，因此，一般钩镰枪的长度要比普通长枪都短一些。钩镰枪的枪头和镰刀大多数都采用双刃设计，同时，两侧突出的镰刀还能起到一定的制止效果，可以有效地避免枪头刺入太深。钩镰枪传入日本以后，得到进一步的改进，发展出十文字枪、片镰等风格独特的日系钩镰枪。

在单打独斗中，钩镰枪的镰刀可以卡住对方的武器令其无法活动，就有机会趁虚刺向对方或用镰刀钩倒对方。相对而言，使用钩镰枪的难度要比普通的长枪大得多，尤其是长度稍短一点的钩镰枪在攻击距离上并不占据优势，使用钩镰枪需要有相当的技巧才能充分发挥出它的威力。因此，在古代，只有一些武艺比较高超的武将才会选择这样的个人主攻武器。

不过，钩镰枪用来对付敌方骑兵有奇效。当敌方骑兵突入到己方方阵前的时候，己方士兵可以通过钩镰枪来横割敌方马匹的马腿，将敌方骑兵打落下马。在北宋岳飞抗金的时候，这种战术曾经取得了良好的效果。据记载，最初，金兀术率领的金军铁骑“拐子马”（战马全身覆盖重甲，三匹战马用绳索组成一队）曾经杀得宋军丢盔卸甲，溃不成军。针对于此，岳家军便在长枪上横着绑上朴刀，这样就组成了一把简易的钩镰枪。在随后双方交锋中，岳家军使用钩镰枪下砍马腿上刺人，最终获得大胜。

日本钩镰枪的外形特征

钩镰枪

全长：2~3 米

重量：2.8~3.5 千克

钩镰枪的枪头

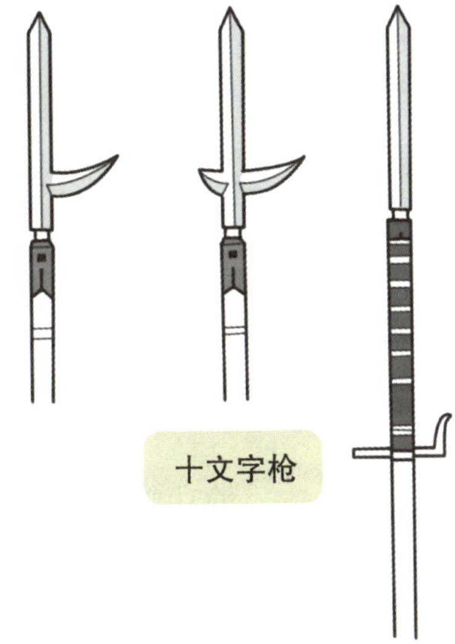

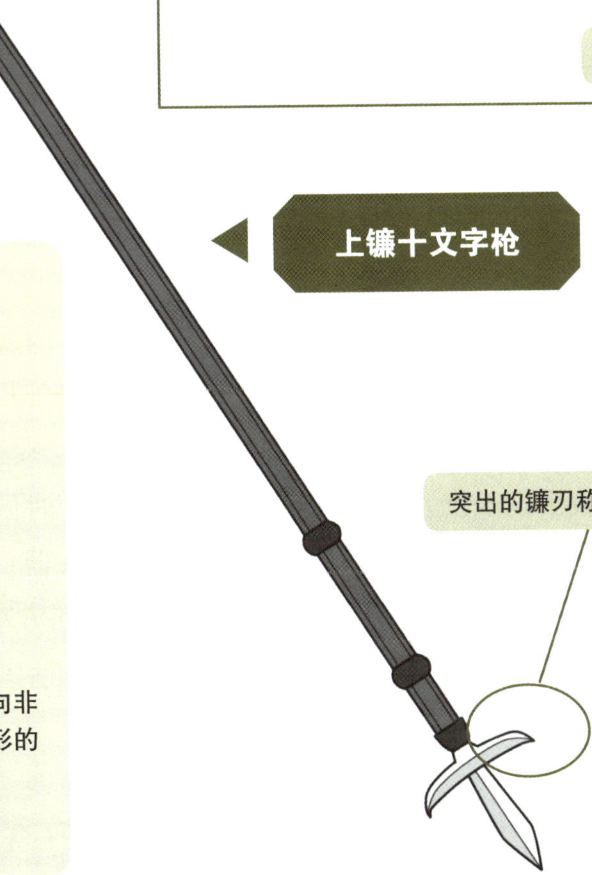

桃形枪柄

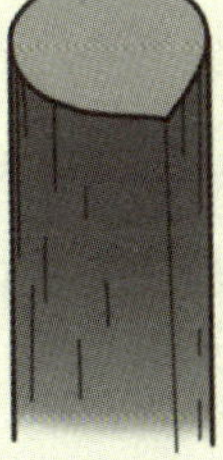

战斗中，钩镰枪的枪刃朝向非常重要，有时候会选择桃形的枪柄来帮助使用者掌握

No.022 北欧瑞士戟

瑞士戟是将长枪、战斧、钩爪完美融合的长柄武器，它兼具了这几种武器的优点，可谓“最完美的长柄重型冷兵器”。

瑞士戟，欧洲冷兵器的巅峰代表

瑞士戟是欧洲战戟的代表，它是斧、矛、钩的结合体，这样的武器布局改变了以前长矛只能突刺的单一功能，它在战斗中可砍可刺，斧背上的钩或尖铁还能击穿盔甲。瑞士戟的性能得到了古代西欧诸多国家军队的认可，后来发展出的德国长戟、西班牙长戟等都与之大同小异。

瑞士戟是一种功能多样的单兵主战武器，它的基本战法是利用斧刃横向挥击，然后再用前端的枪头攻击突刺靠近的对手。可以灵活地使用钩爪是瑞士戟的精髓，由于瑞士戟的钩爪与斧头、枪头结合在一起，故而它的重量很重。瑞士戟不仅能够像其他一些长柄的钩状武器一样钩扯骑兵，还能利用本身重量当做战锤使用，即便是敌人穿着铠甲，也会在瑞士戟的重击下骨裂筋断。

与瑞士戟的功能多样相对应，士兵要想灵活地使用瑞士戟并不容易，不仅要经过长期的训练，还要具备随机应变的能力，否则很难发挥出瑞士戟的全部威力。

在战斗中，瑞士戟的适应力极强，它能够在与多种不同的兵器对抗中占据上风，使用时唯一需要注意的是，由于其本身外形长且重，只有在开阔地带才能发挥其百分之百的威力，在狭窄的地方则会受到极大的束缚。

瑞士戟出现于公元十三世纪，到十五世纪的时候开始得到普及。在此后的三百年中，瑞士戟一直都是西方军队的主力武器，曾被称为“中世纪杀伤力最大的单兵武器"。十五世纪的瑞士戟兵曾在西方军事史上获得了无上的荣誉，被公认为是“欧洲最优越的步兵”，教皇和法国国王都曾专门雇佣瑞士戟兵作为他们的专属护卫部队。

瑞士戟的基本结构

瑞士戟是将长枪、战斧、钩爪完美融合的长柄武器，它的“护卫部队专用武器”的色彩相当强烈

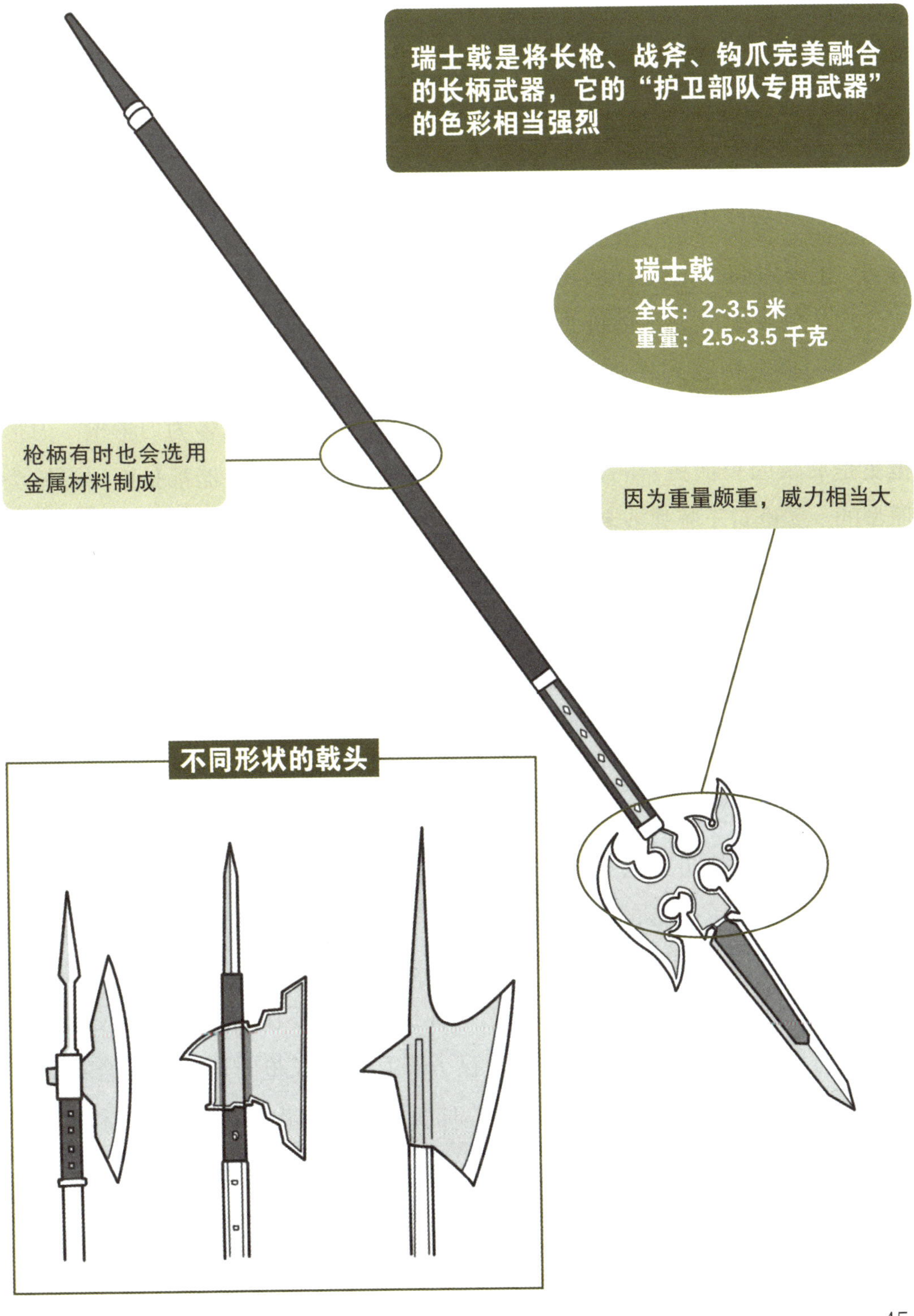

No.023 欧洲的骑兵枪与步兵枪

枪在古代战场中的统治性地位毋庸置疑，骑兵枪与步兵枪根据不同的战术需要两者略有差异。

枪的发展及细分

枪是一种结构非常简单的长柄兵器，只需要在一根长棍上安装金属枪头即可。正因为如此，枪在很早以前就已经诞生，成为人们狩猎作战的必备工具。

枪从外观上分为锥形枪头的突刺枪以及兼顾突刺和切斩的刀形枪，它的前端的刃部结构称为“枪头”，安装枪头的棍棒叫做“枪柄”。西方的骑兵长矛和步兵标枪属于突刺枪，而我国古代士兵使用的长枪多为刀形枪。刀形枪更是后来的长柄兵器的始祖，其后衍生出的许多长柄兵器都是以刀形枪为原型的。无论对于骑兵或者步兵而言，枪都是非常适合个人使用的主力武器。

骑兵最大的优势就在于战马的机动性和冲刺能力。在战斗中，己方骑兵一方面要攻击敌人，另一方面还要保护好战马不被敌人攻击到。选择枪这种攻击距离比较远、重量合适的长柄武器其实是最合适不过了。使用长枪的骑兵在战斗中可以将人、马、盔甲的重量以及冲刺的速度转化成可怕的杀伤力，能够将敌骑兵直接挑下战马，特别对于敌方步兵来讲，更是一击毙命。而且，占据了距离优势以后，己方骑兵就能够很有效地防止敌人靠近并杀伤战马。

步兵使用长枪更多的则是为了防御敌方骑兵的携枪突刺，当面对策马急袭的敌方骑兵时，己方的步兵需要依靠更长的长枪来组成步兵方阵，同时，将长枪的枪尾以一定的角度斜向插入地面，形成“长枪墙壁”，当敌方骑兵撞上来时就能挡住并令其人仰马翻。这种长枪必然要比骑兵用枪更长，有的步兵枪的长度甚至超过 4 米。此外，己方步兵使用长枪时还需要配合相应的阵法及战术，在防御敌方骑兵的同时适时展开反击，最终取得战斗胜利。

枪的细部图示

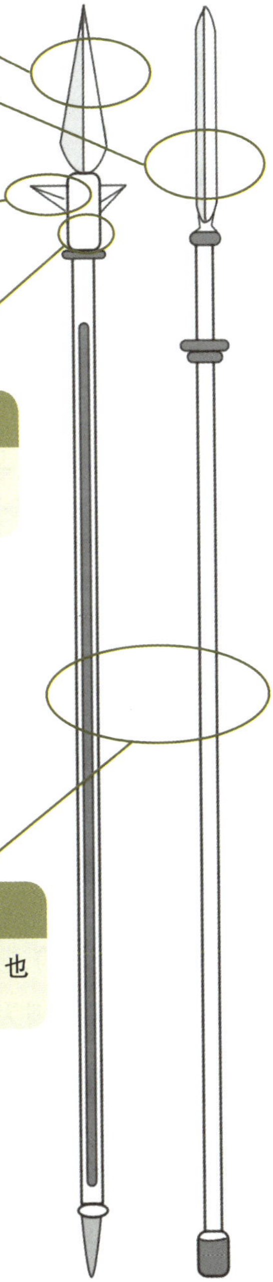

枪头

枪头形状各异，根据用途、地域而变化

枪翼

避免枪头刺入太深无法拔出的装置

插管

将枪头固定到枪柄的装置

枪柄

一般为木制，也有金属枪柄

枪头的形状

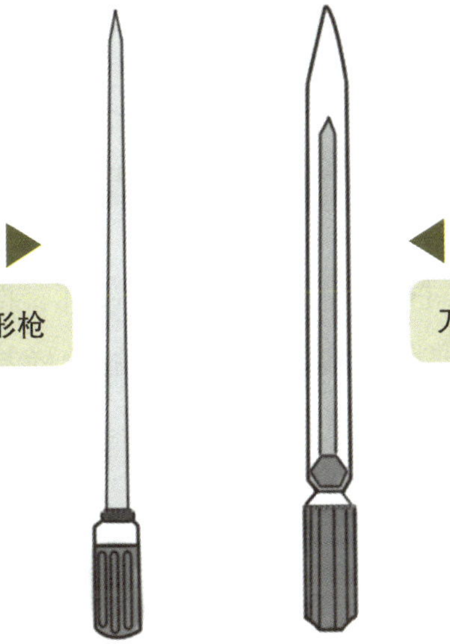

锥形枪

刀形枪

大多数枪头的形状都是呈刀形，它的枪刃并不锋利，因为使用枪尖突刺才是它最主要的攻击方式

No.024 枪与剑对战时应注意什么

枪和剑这两种武器从使用范围上来说几乎不相上下，其他的很多类型武器都是源于这两种武器的变形，那么，它们之间孰强孰弱呢？

枪与剑之间的碰撞

枪与剑是古代冷兵器中最为普及的两种武器，关于两者各自优、缺点的争论也一直存在。枪和剑这两种武器都能砍能刺，攻击的方式比较相似。但是，由于这两种武器本身长短的差距太大，两者之间的攻击距离相差甚远，攻击距离较远的持枪者能够在用剑者靠近以前就首先发起攻击，在一般情况下，自然是攻击距离更远的持枪者占据上风。

在持枪者与用剑者之间的 PK 中，由于使用者双方的攻击距离越短就越对持枪者不利，因此，当用剑者试图缩短攻击距离时，持枪者应当及时地退开，保持与对手之间的距离。这样，持枪者既能保证有效地攻击，又能避免用剑者的近身攻击。由此可见，在足够大的空间内，用剑者几乎总是处于劣势。

而用剑者如果想要从作战距离上追平优势，就需要选择使用更长的大剑，这样虽然能够扩大用剑者的攻击范围，但过于笨重的大剑让用剑者的身法变得不再灵巧，反而更难掌握战斗中的主动权。那么，是不是剑在与枪对战的时候就毫无胜算呢？

答案是否定的，剑的优势在于可以给对手的武器造成一定的破坏，擅长挥砍的剑比起以突刺为主的枪对武器的破坏要强很多。大多数枪的枪柄都是木制的，在战斗中，用剑者可以先专注于破坏对方的枪柄，一旦持枪者的枪头断落，他就丧失了最大的依仗，再长的枪柄也不过是一根木棍而已。另一方面，在作战空间受到局限时，相对轻巧灵活的剑就能发挥出更大的威力，而枪则会因为空间的限制而威力大减。

攻击距离 VS 灵活方便

枪的优势

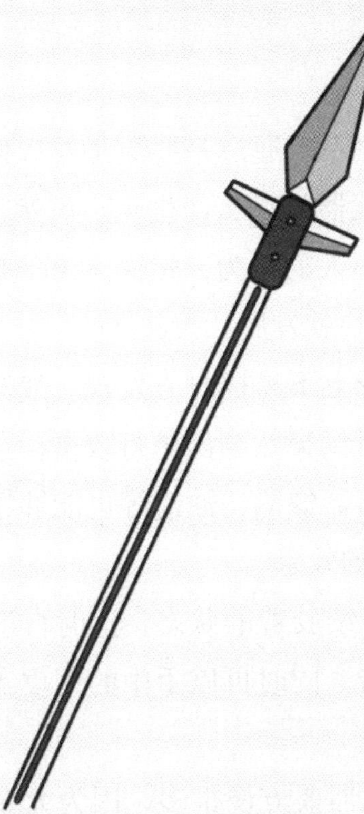

发挥距离优势，敌未至，我先至

剑的优势

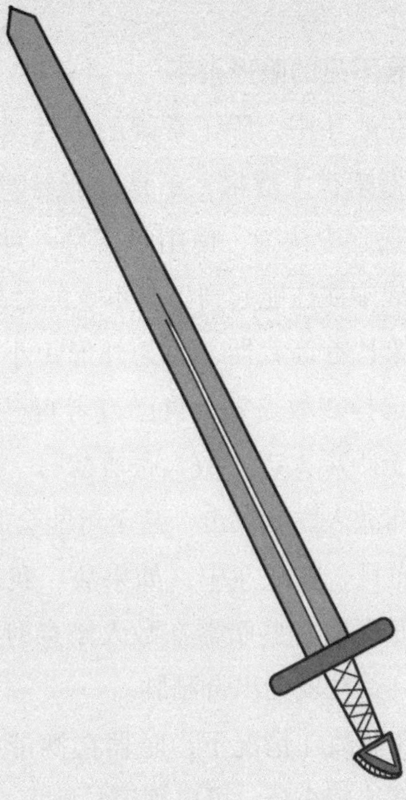

可视情况随机应变

持枪者的基本战术

- 保持距离，不让对手靠近
- 若被对手靠近，通过挥舞枪柄，拉远两者之间的距离

用剑者的基本战术

- 攻击对方武器，砍断枪柄或枪头
- 把对手引进室内或丛林等长枪无法有效施展的狭窄区域

No.025 什么样的武器适合偷袭暗算

在战斗中为了取胜，常常会选择一些另类的手段，暗器就是最常见的方式，虽然在一些影视作品中，使用暗器被认为是下作的手段，但是这并不影响它发扬光大。

看不见的隐形杀手

在战斗中，除了常规的冷兵器之外，人们也希望通过一些更加难以躲避的武器来扩大战果，于是，容易隐藏的暗杀型武器就这么产生了。虽然，在传统观念中认为，使用暗器是一种卑鄙行径、小人的行为，然而，由于暗器在实战中往往能起到出其不意的效果，因此，很快就发展壮大起来。

像匕首等武器，因为外形短小，可以藏在身上不易被对方发现。战斗中可以选择在敌人靠近自己或者自己靠近敌人的时候突然拿出进行攻击，这时候由于距离太近，敌人很难躲开。其他类型的暗器像镖、袖箭等也能够在远距离向敌人发起攻击，甚至可能会起到一击杀敌的效果。

而且，在战斗中，如果敌、我双方陷入了持续胶着的状态，这时自己身上要是藏有一些暗器在敌人懈怠时发起突然攻击，同时再以手中的主攻武器配合，往往就会出奇制胜。

在非战斗情况下，暗器在携带上也比其他武器要方便很多，因为大多数暗器都比较小巧，可以很容易藏匿在身上。

其实，暗器只是常规武器的延伸，只不过可以取得一些普通武器无法实现的效果而已。“兵者，诡道也”，暗器的优势就在于能够在敌人松懈的时候予以重创，在战斗中还可以攻其不备，因此，暗器的隐匿性是首先需要考虑的。这也是为什么暗器往往外形很小，威力也小于一般武器的原因。但是，倘若暗器能够击中敌人要害的话，它的杀伤力还是很可观的。

暗器在战斗中的优势

近距离奇袭

突然拿出原本看似不存在的武器，令对方无法闪躲

远距离牵制

在对方以为根本不会被攻击的时候，一击伤敌

↓

出乎敌人意料→却在自己的计算之内

↓

令战况变得对自己更加有利

平时的优势

随身携带暗器能给使用者带来安全感→从而在突发状况的时候能够冷静应对

使用暗器就是希望能够将其优势充分发挥，从而达到制敌于不察之时的目的，但是，倘若没有一击必杀，战况则有可能会急转直下，因此，使用中有时候还会采用给暗器喂毒等手段

No.026 什么是长柄武器

枪可以算是长柄武器的始祖，但是它并不能适用于所有的战斗场合，因此，将长枪改造成其他类型的长柄武器也就是自然而然的事了。

长柄武器的产生

长柄武器泛指的是以枪为原型，融合了刀、剑、斧、钺等其他武器功能的所有冷兵器。由于其长度较长，重量较大，一般都是供步兵双手握持使用，并且拥有突刺、斩击、砍砸等多种战斗功能。

步兵长枪起初是用来当做阻挡防御敌方骑兵的“枪壁垒”使用的，这时期的步兵长枪往往有3~4米长，能够起到防御骑兵正面冲击的作用。然而，“兵无常形，水无常势”，随着敌方骑兵改用“紧随步兵，步骑协同、伺机突破”的新战法以后，由于步兵长枪的进攻、防御方式单一，不再那么容易制敌取胜。于是，面对新的战场形势，步兵长枪进行了必要的改进，在它的枪头下部添加了专门用于砍砸的斧头，主要用来砍杀敌方的步兵。

这种“枪＋斧”组合在一起的武器便是长柄武器的原型，并逐渐衍生出各式各样不同用途的武器组合。长柄武器既然是以枪为原型，其战法必然也是与枪一样，主要是利用自己的长度优势来先发制人。长柄武器与枪相比，它增设了斧刃、剑刃、钩等部件，这样虽然增加了武器的功能，同时也增加了武器的使用难度，尤其是在近身攻击时。此外，长柄武器要比枪更重，需要双手握持，也就无法腾出另一只手来持盾防御。

即便如此，相比于步兵长枪，长柄武器在面对骑兵时具备更大的优势。正是考虑到这一点，融合了其他兵器优点的长柄武器得到了推广。除了突刺，它还可进行大面积横扫，长柄武器凭着自重在横扫时威力巨大。不过，长柄武器也对使用者提出了更高的要求。另外，长柄兵器与枪一样，在树林、室内等狭隘的空间中，还是很难发挥其有效威力。

长柄武器各部位图示

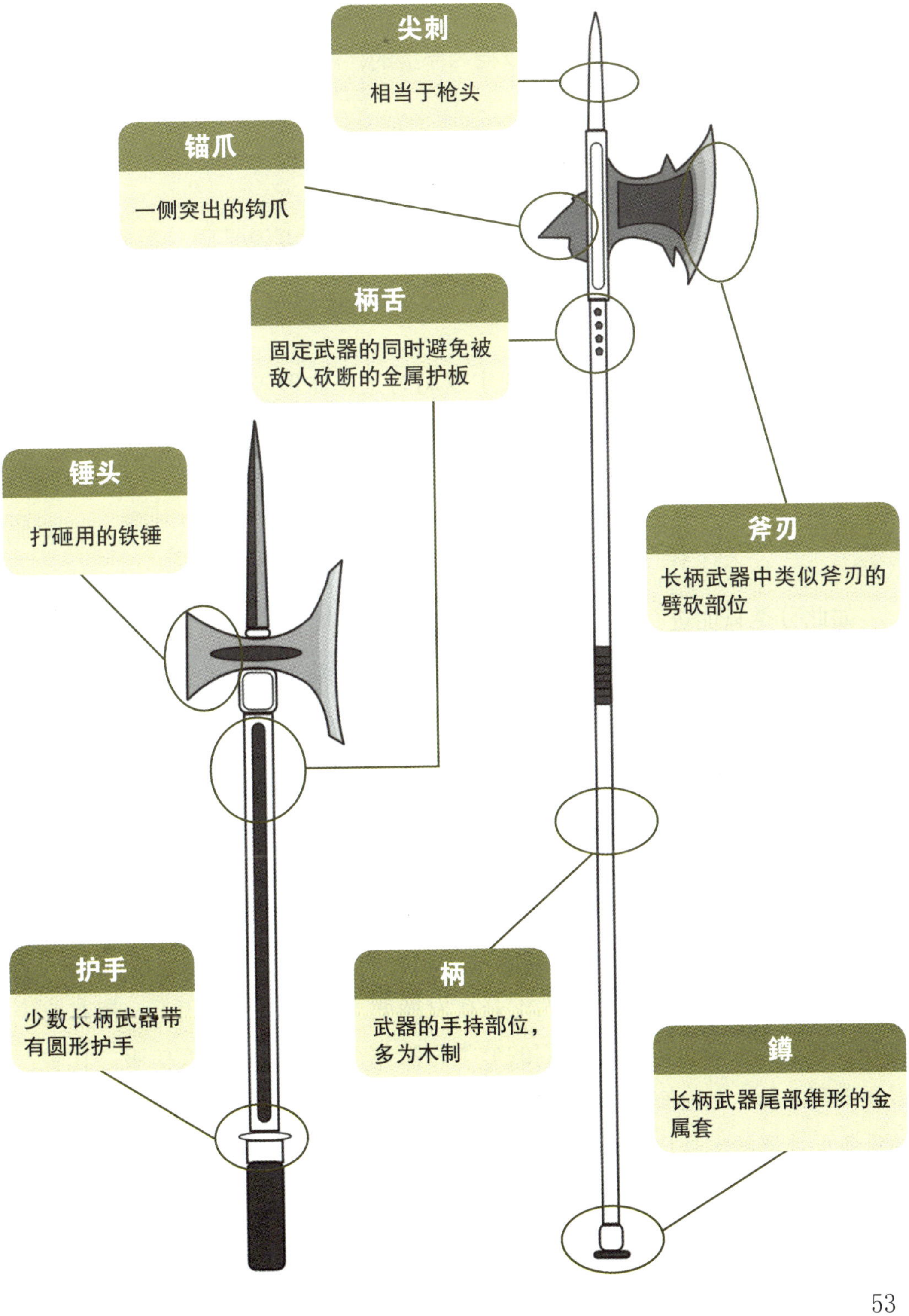
尖刺
相当于枪头
锚爪
一侧突出的钩爪
柄舌
固定武器的同时避免被敌人砍断的金属护板
锤头
打砸用的铁锤
斧刃
长柄武器中类似斧刃的劈砍部位
护手
少数长柄武器带有圆形护手
柄
武器的手持部位，多为木制
鐏
长柄武器尾部锥形的金属套

No.027 枪与长柄武器有什么区别

各式各样的长柄武器都是以枪为原型的，两者之间有着密不可分的联系，那么它们又有什么区别呢?

枪和长柄武器的不同之处

如果仅仅是从外形上来定义，枪和长柄武器可以说是同一类武器。然而要是从武器发展的历史来说，枪是长柄武器的原型。

那么两者该怎样区别呢?

从使用方法上来看，枪在实战中以刺为主，砍砸等其他攻击方式为辅；而长柄武器由于其功能的组合型，在战斗中更倾向于威力更大的劈砍等攻击方式。

从外形上看，枪在武器尖端安装单一的突刺型枪头为主，而长柄武器则比较复杂，还会将刀、剑、斧、钩等其他兵器融合于一体。

如此分类只能进行简单的区别，仍然会有一部分武器是例外情况。比如步兵使用的连枷，它既不是枪，也不是在枪的基础上将刀、剑、斧、钩等部件融合的武器，它实际上是一种通过挥舞金属圆球产生的离心力来进行打击的棍棒，但是，它通常也被认为是长柄武器。

另外，还有钩镰枪，通常我们认为钩镰枪是枪的一种，可是从外形来看，它是在枪的基础上加入了镰刃状的部件组合而成。单从使用方法上看，无法判断钩镰枪是以突刺为主还是利用镰刃砍击为主，它在战斗中更侧重于根据实际情况选择不同的攻击方式。

总而言之，枪与长柄武器无论是在发展渊源还是实战应用上，都有着千丝万缕的联系。因此，关于它们的分类方法往往无法令所有人信服。其实，需要强调的是，无论使用哪种武器，在战场上最重要的还是要学会随机应变，注重各种武器的实战应用而非概念分类。

枪与长柄武器如何区分

攻击方式	
枪	突刺为主，突刺时威力最大
长柄武器	兼具突刺、切断、钩挂等多种作战功能，各种攻击方式的威力比较平衡

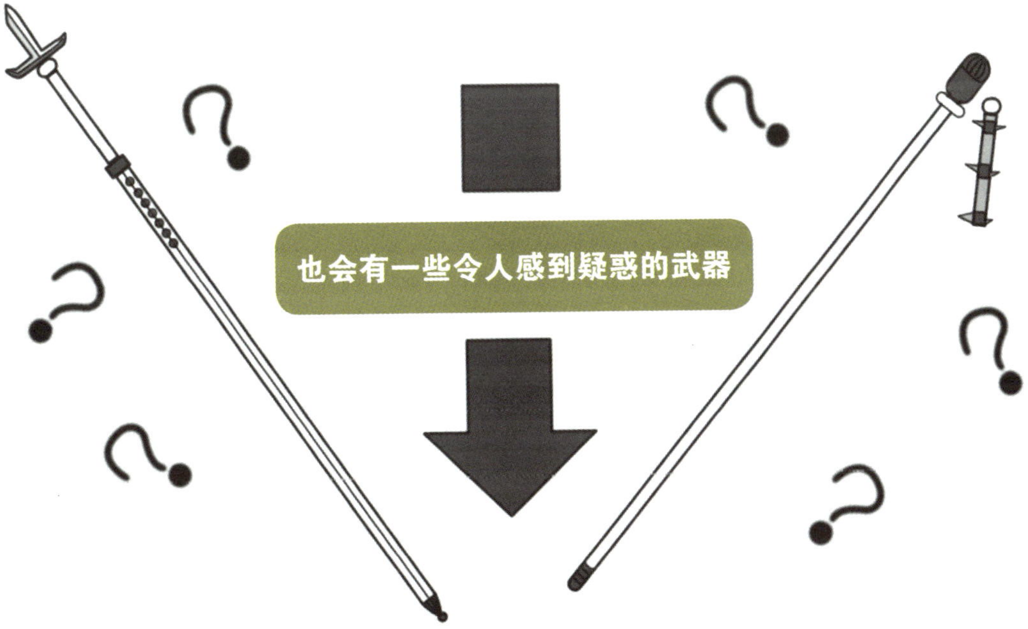

外形	
枪	尖端安装单一的突刺型枪头为主
长柄武器	比较复杂，融合刀、剑、斧、钩等其他武器于一体

No.028 如何保养自己的武器

武器在战斗中不仅仅只是用来攻击对手，而且在关键时它往往还是保命的重要工具。那么，让它随时保持正常的状态就显得尤为重要。

磨刀不误砍柴工，武器保养更是应该如此

从某种意义上讲，武器就是自己生命中最重要的伙伴，因此，需要不断地对它进行正确的保养，这样，方能保证其随时可以发挥出足够的威力。

对于传统的那些依靠锋利的刃部来伤敌的刀、剑等武器，打磨刀刃是其最重要的保养方式。使用过的刀、剑等武器需要马上使用磨刀石对其进行研磨，这样才能够让武器的刀刃随时保持锋利的状态，中国的刀、剑类武器普遍按照此方法来进行保养。

一般情况下，我们在研磨刀、剑等具有锋利刃部的武器时，会选择专用的磨刀石。首先，要把武器的外表用水清洗干净，然后再将磨刀石洒水湿润，接着将武器的刀刃部分按照一定的角度在磨刀石表面来回研磨，武器研磨完毕后还需要在刃部涂上适量的油脂，这样，一方面便于武器快速地收入鞘中，另一方面还能起到防锈的作用。

而西方的剑、斧等武器却不同，它们更重视的是通过武器的重量来伤敌，因此在保养的时候只需要将刃部的锈迹等去掉即可，倘若将刃口磨砺得太过锋利，反而会降低武器的硬度。另外，西方的剑、斧等武器在研磨时通常并不用专门选择磨刀石来研磨，往往只需要将它们在石头上轻轻地打磨一下刃部的轮廓即可。

相比于刀、剑等武器，长柄武器在保养方面基本上不用耗费什么功夫。但是，对于弓箭、弩等这类投射武器，保养工作尤为重要，比如弓箭需要经常检查弓弦的张力，弓身也要注意保养，避免因干燥而导致弓身龟裂，这些问题都会极大地影响到弓箭的正常使用及命中率。弩也是一样的，由于其内部结构比较复杂，保养频率要求更高，否则也会影响它们的正常使用。

刀刃的磨砺方法

锋利的刀剑

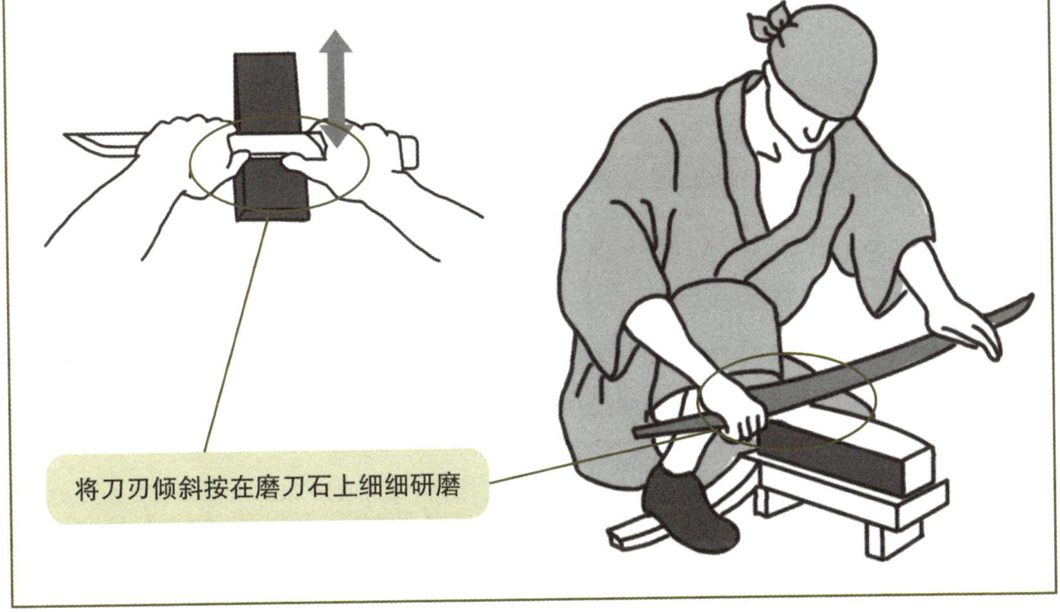

斧和西方剑

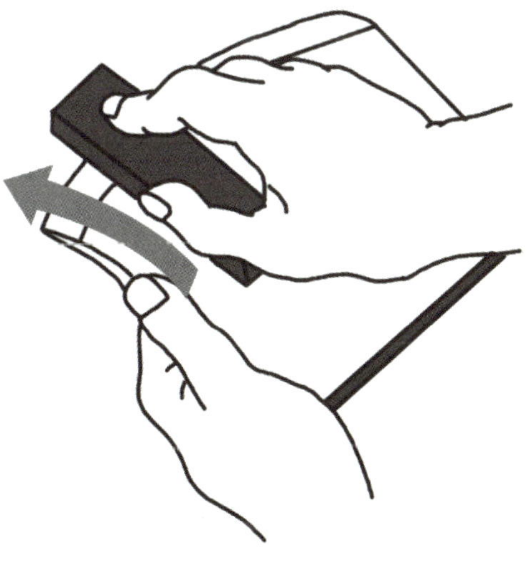

手持磨刀石直接研磨刃部，去除锈迹即可

转轮式磨刀石

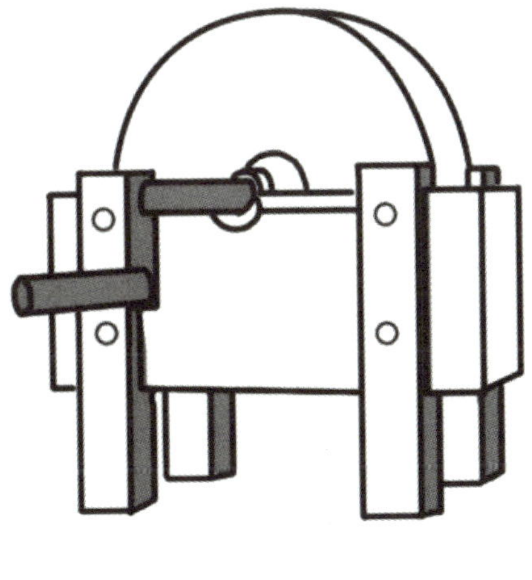

转动手把使磨刀石旋转，适用于连续研磨大批武器

专题：火枪与剑的较量

常常会听到有人这么说：火枪比剑强，这是因为火枪可以在剑的攻击距离以外发起攻击，而持剑者往往会一筹莫展，陷入被动挨打的境地。

如果仅仅从武器的用途而言，这种说法没问题，持剑的一方的确处于相当不利的形势。火枪与剑之间最能体现的优势地方就是攻击距离，与火枪相比，持剑的一方需要近身靠近对手才能发起有效的攻击。

那么，是不是近身以后持剑的一方就可以占据优势了呢？答案是否定的，持剑者在攻击的时候需要不断地进行挥击、移动等动作，全身力量的运用都会围绕着手中的剑来展开，而持枪者只要把枪口对准持剑者扣下扳机就可以了。当然，如果火枪不能击中持剑者或者击中的是非致命部位时，来不及装填火药弹药的持枪者的处境就相当危险了。

不过，作为个人的生存工具而言，在两者的较量中，火枪就不见得能完胜了。虽然，火枪在杀伤力方面的威力更大，然而，剑的用途却更为广泛，更为实用。

在保养上，剑只需要经过简单磨砺就可以保持锋利、避免生锈，保证其能随时使用。而枪则需要配备弹药、相应的零部件等才能保证它的正常使用，同时，它的清理维护方面也较复杂。另外，剑甚至在生锈或折断的情况下依然具有一定的使用价值和杀伤力，而火枪却需要依赖长期有效的补给方能保证其性能的正常发挥。即使到了现代，在户外生存训练中，小型化的剑——匕首依然还是人们首选的个人必备工具之一。

因此，在把两种性质、用途不同的武器拿来比较时，首先应当考虑的是它们各自不同的使用环境及使用效果，而不是简单地从某个性能方面就对它们之间的强弱下定论。

第二章
力量型武器

No.029 什么是力量型武器

力量型武器从字面上看就是需要很强的力量和体格方能使用的武器，这样的武器通常很重，杀伤力巨大。

力量型武器是猛士们的首选

从古至今，武器一直是力量的象征。在冷兵器时代，力量就是武力威慑的来源，同时，还是用来显示自身强大的标志。正是如此，力量型武器最能体现出武器的本质。

从外观上来看，力量型武器往往更加坚硬、沉重、庞大，使用者需要拥有超乎常人的体格和肌肉爆发力，在使用者自身力量的配合下，力量型武器可以将惊人威力完美地发挥出来，每一记劈砍都能震撼住对手，令对手无力反抗。

力量型武器对于使用者的身体素质要求也很高。首先，使用者本身必须具备足够的力量来挥舞武器，保证武器能够充分发挥威力；其次，使用者要有足够的耐力。力量型武器一般都比较重，体力耗费的速度自然也会很快，使用者若是不能持久作战，还不如选择其他武器。最后，还有关键的一点，要想完美使用力量型武器，使用者必须拥有相当的格斗技巧。

在众多的力量型武器当中，斧和锤最为常见，通常，也只有力量型的战士才能灵活地使用它们。这类武器的重心偏向前端，在同等长度下挥舞时产生的离心力比其他武器更大，能够有效地将力量集中在武器前端的一点上，哪怕是坚固的金属铠甲也会被轻易贯穿。瑞士戟和双手剑等巨大的双持武器也是很好的选择，它们不但可以充分发挥出力量型武器的优势，而且，在使用中它们比起斧、锤更具灵活性。

当使用力量型武器时，首先需要战士保持一往无前的气势，连续不断地进行挥扫和劈砍，这样才能保证其在战斗中的优势。同时，战士还应具备一定的抗击打能力，这是因为力量型武器在挥动进攻时会产生大量的破绽，如果一击未中，对手就会轻易地利用破绽来伤害自己。

力量型武器与力量型战士

力量型战士
力量 = 轻易挥舞很重的武器
耐力 = 就算是连续挥舞重型武器也不会疲惫
抗击打能力 = 即便遭到一些反击也能忍受

力量型武器

钉头锤

警棍

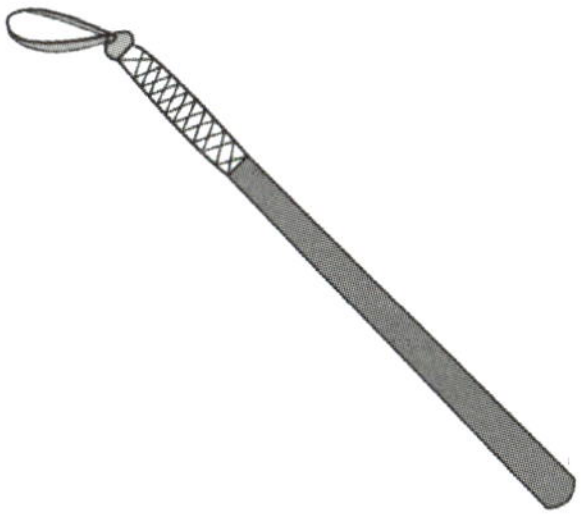

战斧

双手武器

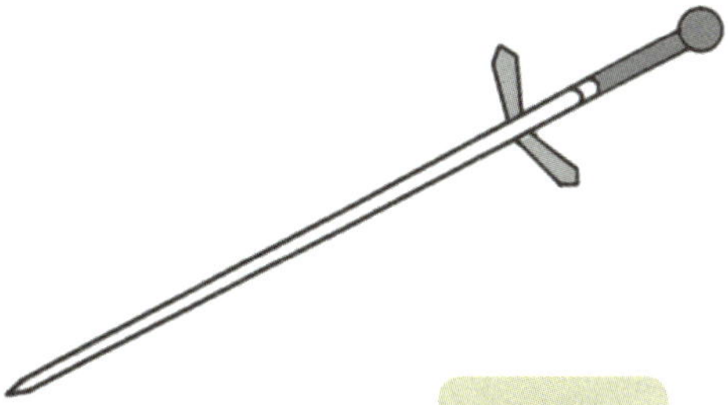

双手大剑

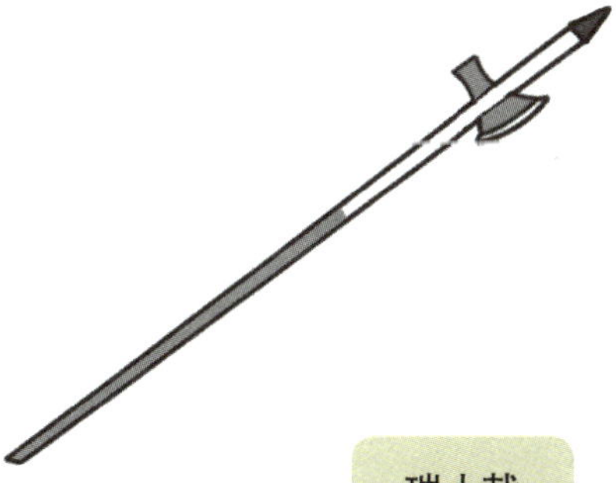

瑞士戟

No.030 北欧战斧

战斧是典型的力量型武器，在战场上它也是一种杀敌利器。从最初的石斧开始，它就成为人们生活中不可或缺的工具。

从手斧到战斧

力量型武器是冷兵器的一个重要组成部分，最为常见的力量型武器就是斧、锤之类的重型武器。早在原始社会，人们就发明了石斧来砍树劈柴，后逐渐扩展运用到狩猎与战斗当中。最早的斧是在长约 30 厘米的木柄上安装板状的斧刃，外形类似于现在的手斧。

作为战斗用途的斧不但要便于士兵的使用，还必须考虑到其他的一个重要因素，那就是大威力。正如我们所了解的，武器的柄越长，挥动时产生的离心力就越大，武器命中目标后的杀伤力也就越强，斧系武器也不例外。因此，双手握持、专门用来战斗的长柄战斧也就自然而然地出现了。

起初，战斧是古代维京人、印第安人手中的特有武器，由于其威力惊人，后逐渐流传开来。到了中世纪，斧和剑、枪一样，都是西方骑士常用的重型武器。战斧对使用者的臂力要求很高，其巨大的斧头重量惊人，如果使用者的力量不足，无法将战斧灵活地挥舞，就不能发挥出战斧的最大威力，甚至还会造成使用者的动作迟钝，形成更多的破绽，令敌人有机可乘。

由于长柄战斧的这个致命缺点，它渐渐地不再受到人们的重视，长柄战斧拥有的破甲优势也被后来的钉头锤等武器所替代。最后，诸如瑞士戟等新式大型长柄武器从长柄战斧上衍生出来。

与其他力量型武器一样，战斧的使用者也必须具备相应的技巧，如果无法保证巨大的斧头命中目标，那么使用战斧也就失去了意义。单从威力上来看，战斧要大于同等尺寸的剑。另外，像手斧、掷斧等这一类的小型斧一直得到广泛使用，它还可以用来充当剑与枪的辅助型武器。

斧系武器的基本结构

各式斧头

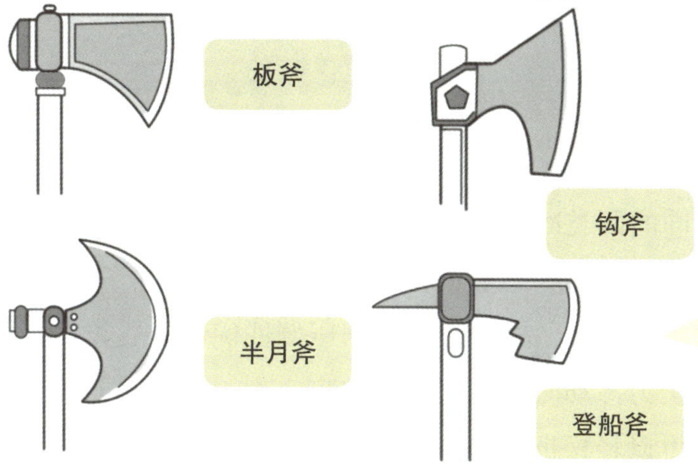

钩斧和登船斧在海战中可以用来钩住船舷或者敌方的小艇

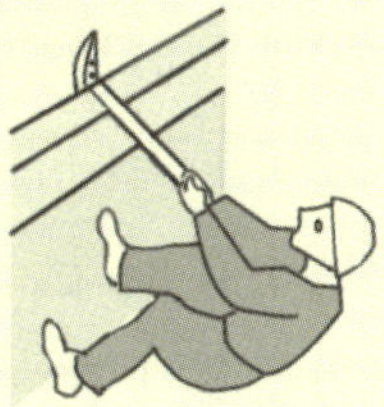

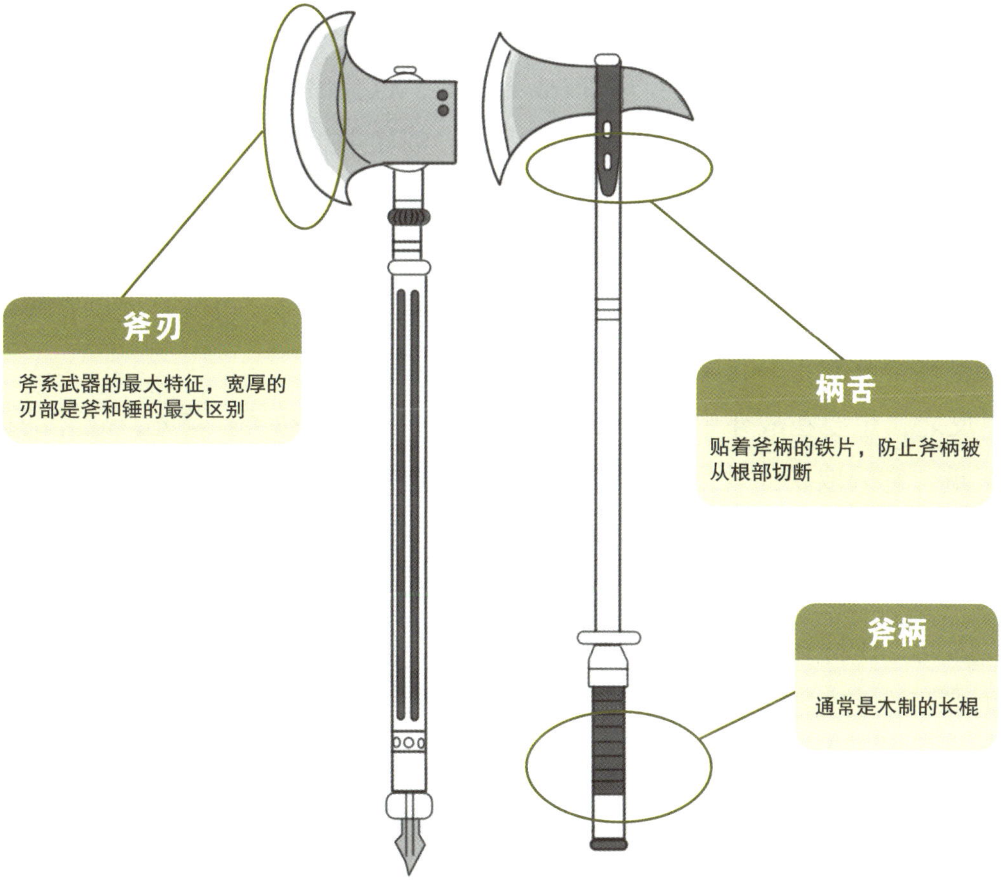

No.031 斧与剑孰强孰弱

威力惊人的战斧和以技巧著称的剑，几乎代表了冷兵器发展的两个极端，那么它们孰强孰弱呢？

斧和剑各自不同的战斗

战斧与剑是截然不同的两类冷兵器代表，一个以惊人的威力一击必杀，一个则凭借精巧准确制敌取胜，那么这两种武器孰强孰弱呢？

如果是两者之间的正面碰撞，战斧必然占据压倒性优势。战斧自身的重量集中在前端，使用者全力挥动时能产生巨大的离心力，攻击时能够有效地将力量集中在一点上，可以轻松把剑劈断；再者，战斧在刃部受到冲击以后可以有效地把力量分散在斧柄上，斧头又十分厚重，很难破坏。

大型的剑虽然也能利用增加重量来提高威力，但是想要和战斧一争高下还是相当困难的。就算不会直接被战斧劈断，也会出现像武侠小说中常描述的高手对决时发生的“虎口震裂”的现象。剑如果想要从力量上直接跟战斧一较高下，那无疑是相当愚蠢的。

那么，剑是不是无法战胜战斧呢？那倒未必。同尺寸大小的剑和战斧相比，剑的重心更偏后，因此，在掌握难度上剑会相对小很多，也就是说剑在攻击中的准确率及战斗中的攻防转换都会更加容易。

反之，想要在战斗中灵活运用战斧，就不那么容易了。首先，战斧的重量很重，它采取正面攻击时不够灵活，会露出更多的破绽；其次，战斧攻击方式比较单一，只能采用类似横扫或者正面劈砍的战法。而剑则可以视情况采用突刺、横扫、劈砍等不同的攻击方法，作战手段可谓变化多端。

因此，在持斧者和用剑者之间的对决中，使斧者必须在对方采取敏捷、变化多端的进攻之前趁早一击分出胜负；而对用剑者而言，剑的威力虽然较低，但是它的命中率很高，用剑者一旦将对手拖入持久战，局面必然会对使斧者不利。

斧和剑的优势

斧的优势

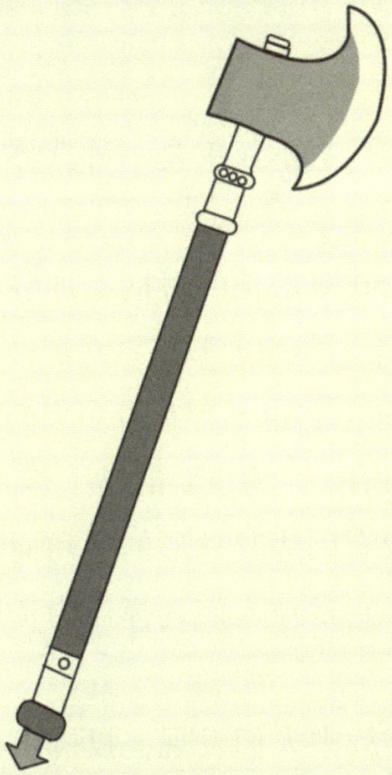

- 惊人的破坏力
- 攻击、防御中受到的冲击力能够分散到斧柄上，可以全力挥砍

剑的优势

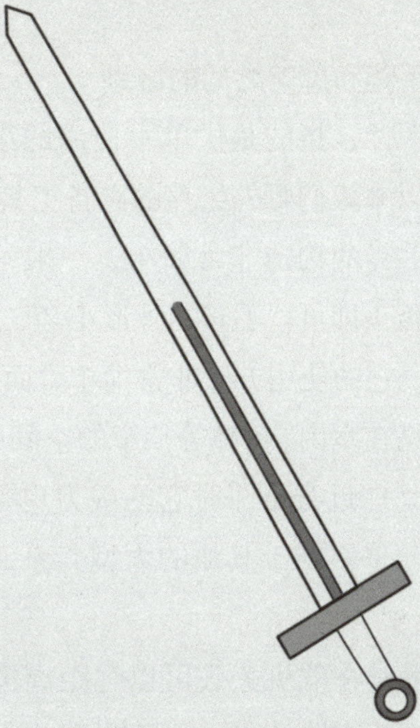

- 重心接近剑柄，掌控简单
- 攻击方法灵活多变

持斧者的战术

- 一气呵成，依靠狂风暴雨般的劈砍来取得胜利
- 正面攻击对手剑身，首先将对手的武器破坏掉

用剑者的战术

- 攻击斧柄与斧头的结合处，斩断对手的手柄
- 避免与对手武器的正面互斫，寻找破绽攻击对手的身体要害部位

No.032 手斧与掷斧

手斧是原始社会就已经被人们广为使用的工具，它在必要时可以抛掷出去攻击目标。专门抛掷攻击敌人的掷斧随之出现。

手斧和掷斧之间的区别

手斧，指的是供单手使用的小型斧系武器，它不仅仅是一种武器，更是古今以来人们野外生存的必备工具之一。

手斧的构造非常简单，一般只需要在30~50厘米长的短柄上加装一个金属制斧头即可。手斧的外形小巧，重量也比战斧之类的大型斧系武器轻很多，因此，它的使用方法非常简单，而且在使用空间上它也不存在着多大的限制，就算是在室内、树林等狭窄的空间中都能照常使用。尤为重要的是手斧的威力，特别是在近身格斗时它的威力更是惊人，并没有因为其外形的小巧而有所减弱，几乎不弱于其他的大型斧系武器，因此，它常被人们选择作为备用武器使用。

手斧在危机关头可以远距离掷向对手，实战中人们发现，投掷出去的手斧的威力丝毫不减，因而发展出了一种专门通过投掷来攻击目标的斧子，这就是掷斧，它是一种在投掷性能上经过强化的手斧，平时可以当做一般的手斧进行劈砍，需要时还可以像投射武器一样投掷出，准确地命中目标。

掷斧与手斧相比，它的结构更加轻巧，斧刃也比一般的手斧要薄，掷斧斧刃的弧度以及倾斜的角度都是经过精心计算的，特别是它的斧柄又粗又长，能够跟斧头的重量达到平衡。这样的设计令掷斧在空中的旋转速度更快，命中目标后的杀伤力更强。

最为人们所熟知的掷斧是印第安掷斧和法兰克掷斧。印第安掷斧是北美洲印第安人常常使用的一种工具兼武器，通常只有技艺非常娴熟的印第安人才会以投掷的方式攻击目标。法兰克掷斧则是另一种精心设计的专用投掷用斧，它的命中率要比普通手斧高很多。

手斧与掷斧的基本结构

印第安掷斧

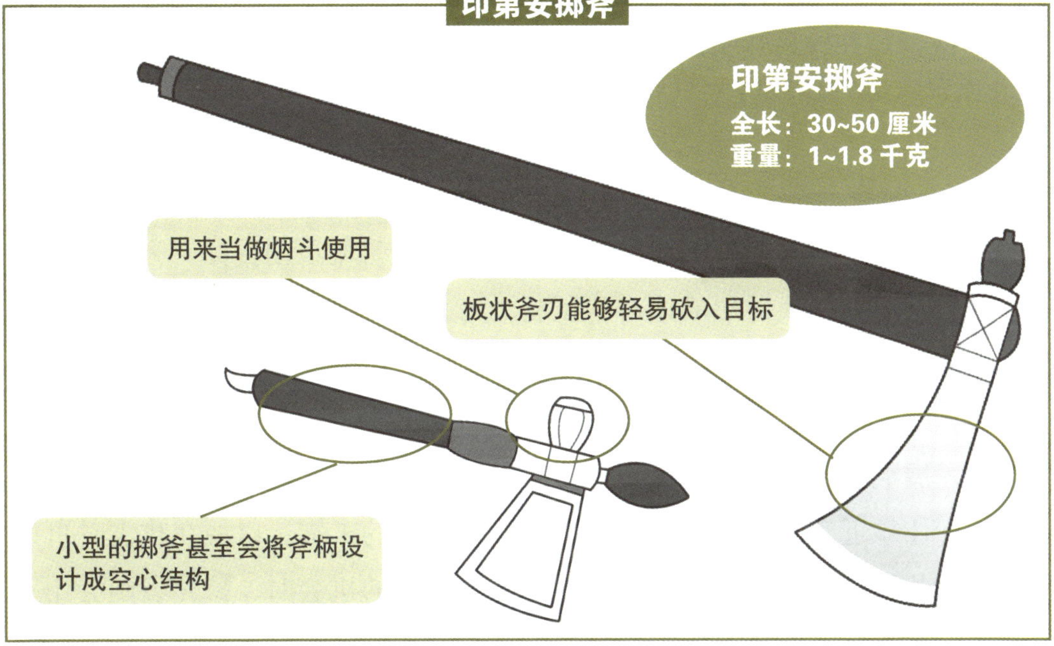

法兰克掷斧

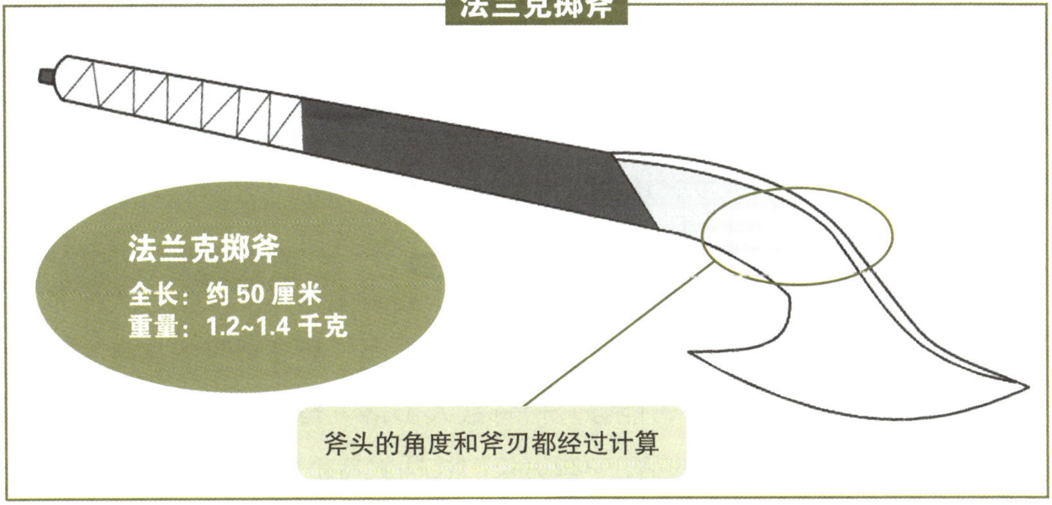

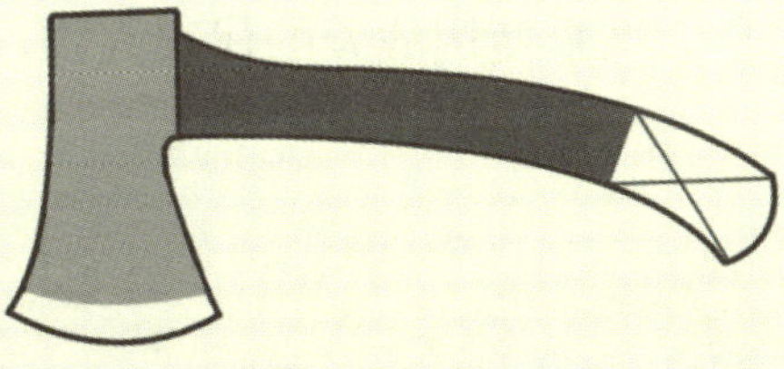

露营时使用的手斧也可以进行投掷，但是，由于重心不稳定，它的命中率并不高，因此，不到危急关头最好不要这样用

No.033 战斧在战场上的运用

战斧是在民用斧头的基础上重新设计的专供士兵使用的武器，它的外形更大、重量更重，一旦攻击到目标，往往就会给目标带来致命的威胁。

战斧的特点

战斧的最大优点就在于其拥有巨大的威力，动辄重创目标。为了保证战斧在威力上对其他武器形成绝对的压制，与普通的民用斧头相比，它的金属斧头做得更重、更大，同时也更加坚硬。

由于战斧重量的不断增加，它的斧柄长度势必也要相应地加长，这样一来，战斧就发展成为一种长柄的大型双持斧系武器。在战斗时，持斧者一般会用一只手握住靠近斧头的一端，另一只手握住斧柄的末端，以便在攻击时可以随时进入防御的架势；而当具备将对手一击必杀的机会时，持斧者则会用双手握持住斧柄的末端，全力地挥砍向对手。

战斧前端的斧头起到的杀伤效果与钉头锤等武器很相似，不过，钉头锤的锤头主要是以打击为杀伤手段，而斧头则是以劈砍为主要杀伤手段。因此，战斧的斧刃通常都呈圆弧状，能够令战斧在劈砍时的力量更加集中，有一些战斧为了增加武器的耐久度，还会采用金属制成的斧柄。

若被战斧击中，对手就算是身着铠甲，仍然会受到重创。因此，有一些骑士喜欢选择战斧来充当主战武器。但是，由于战斧无论是在攻击方式还是在攻防转换上都不如剑、钉头锤等武器那样灵活多变，战斧也只能算是一种非主流的武器。在骑马作战中，能够轻松将敌人击落下马的钉头锤或者连枷要比战斧好用；若是徒步战斗的话，一些更长的长柄武器杀伤效果也会比战斧强。

在中国古代的话本小说中，常常出现的宣花斧就是中国战斧的代表，《三国演义》中的徐晃，《隋唐演义》中的程咬金，都是使用战斧的代表人物。

战斧的基本结构

战斧

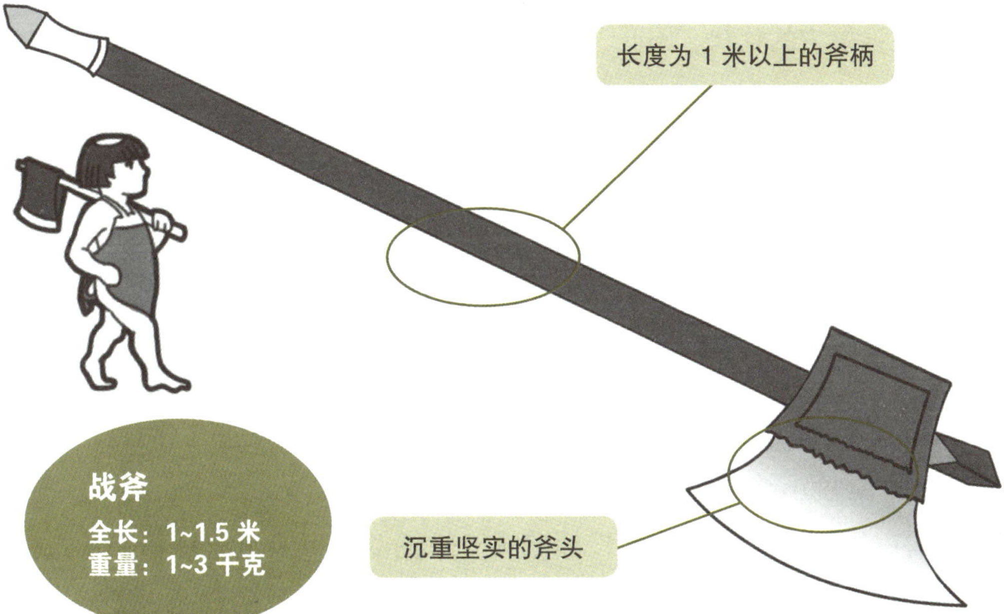

战斧

全长：1~1.5 米
重量：1~3 千克

手握斧柄的位置及战斗方式

战斗中，双手各握持住斧柄的两端，随时防御对方的攻击

寻找战机，双手握持住斧柄的末端，奋力地砍向目标

No.034 锤形武器的类别

锤和斧一样，是日常生活中不可或缺的劳动工具，携带使用方便、打击力强是它的优势，因此，专供战斗用的战锤也就自然而然地出现了。

锤形武器的特点

锤形武器可以算是打击型冷兵器的代名词，它主要是通过挥砸锤头时产生的物理冲击力来有效地将目标杀伤，尤其是将锤高高举起用力往下砸时，对目标造成的伤害极其恐怖。还有一点需要特别注意的是，由于锤在攻击时的力量非常大，在与枪、剑等以技巧见长的武器较量中，枪、剑等原本行之有效的格挡、卸力等防御技巧对于锤系武器来讲并太不适用。而且，如果它们的强度、硬度不够的话，就会被锤很轻易地击毁。

中国古代的锤形武器包含长柄单锤、短柄双锤以及流星锤等。通过阅读中国古代文学作品发现，许多知名的古代武将都使用短柄双锤。短柄双锤还存在着诸多不同造型、名称，例如卧瓜锤、雷公锤、梅花锤，等等。

而古代西方锤形武器中最常见的就是T字锤和钉头锤，T字锤往往会把锤头的一端改造成类似鸟喙的铁镐，以便更好地穿透铁质铠甲。可以说，T字锤是一种专门设计的战斗用锤，因此，它又被称为“战锤”。为了增加打击的威力，它还衍生出许多规格、大小、尺寸参差不齐的锤系武器，钉头锤就是其中最具代表性的一种，它的锤头与T字锤相比，外形上显得稍微小一些。其实在重量上来看，钉头锤的球状锤头并不弱于T字锤的锤头，而且，钉头锤的锤头表面布满了呈放射状排列的铁钉类凸起部分，在战斗中几乎可以无视对手的铠甲防御。

另外，比较特殊的锤形武器要数流星锤了，它是在绳索或者铁链一端或两端连接上铁锤，铁锤被抛甩出去后甚至能起到类似于现代枪弹的杀伤效果。与流星锤比较类似的武器是连枷，这是一种以绳索或铁链连接一根短棍的另类打击型冷兵器。

锤形武器的代表

T 字锤

钉头锤

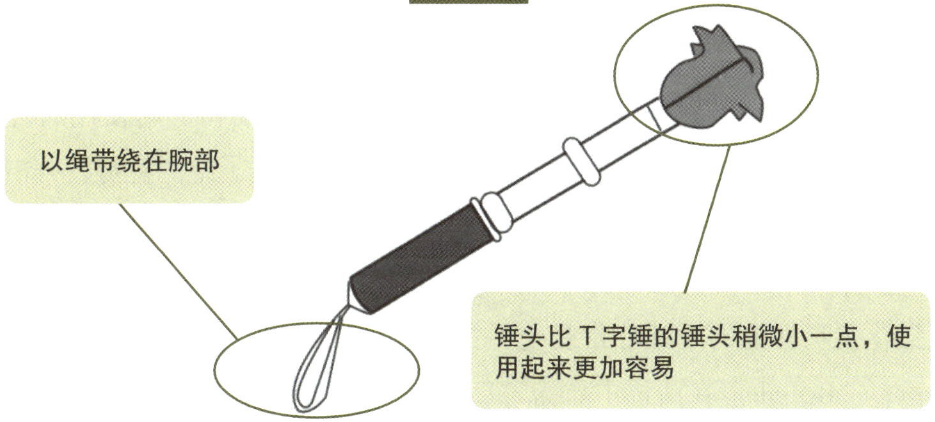

流星锤

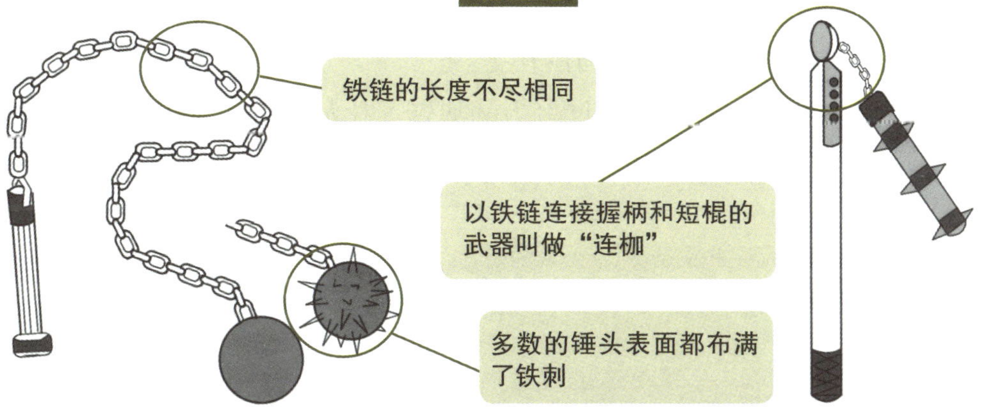

No.035 欧洲战锤

战锤一般指的是古代西方的T字锤，它既能凿又能砸，利用挥舞战锤时产生的离心力能够轻易重创敌人。

破甲杀敌是它的强项

战锤，指的是能够破开对手铠甲并有效杀伤对手的锤形武器，它的锤头部分多为T字形，由铁锤与鸟喙状尖嘴分布两端组成。在战斗中，战锤的铁锤端能够实现类似棍棒、钉头锤等武器的攻击效果，而尖嘴端则能轻易地将对手的铠甲及身体贯穿。

战锤的锤头部分要比钉头锤更大，所用的金属也更多，这样的设计是为了增加战锤的重量，提高战锤挥舞时产生的离心力，从而获得更强的杀伤力。同时，这也增加了战锤的挥舞难度，导致战斗中士兵必须用双手握持战锤才能灵活地使用。虽说这样的话令使用战锤的士兵不能再同时使用盾牌来进行防御，但是却让自己在破除对手的铠甲与盾牌中占据了绝对优势。一击之下，对手轻则破甲裂盾，重则筋断骨裂，一命呜呼。因此，这种牺牲绝对是值得的。

在各种衍生自战锤的锤形武器中，像鸦啄战锤（Bec-de-Corbin）这种刻意强化尖嘴性能的战锤非常受士兵的欢迎。鸦啄战锤其实是一种长柄的大型战锤，“Bec-de”在法语中意为“鸟啄”，“Corbin”则为法语中的“乌鸦”，因此，这种战锤通常被称为“鸦啄战锤”。从外形上看，这类武器更接近于大型化的现代登山镐，它的贯穿能力得到极大的加强，鸦啄战锤能够轻松贯穿对手的铠甲，并对其造成致命的伤害。

除此之外，还有特意强化打击力的战锤，比如中国古代的长柄瓜锤，它的锤头类似于瓜状，就是一种专门强化了捶击效果的战锤。

攻击方式不同的各种战锤

战锤

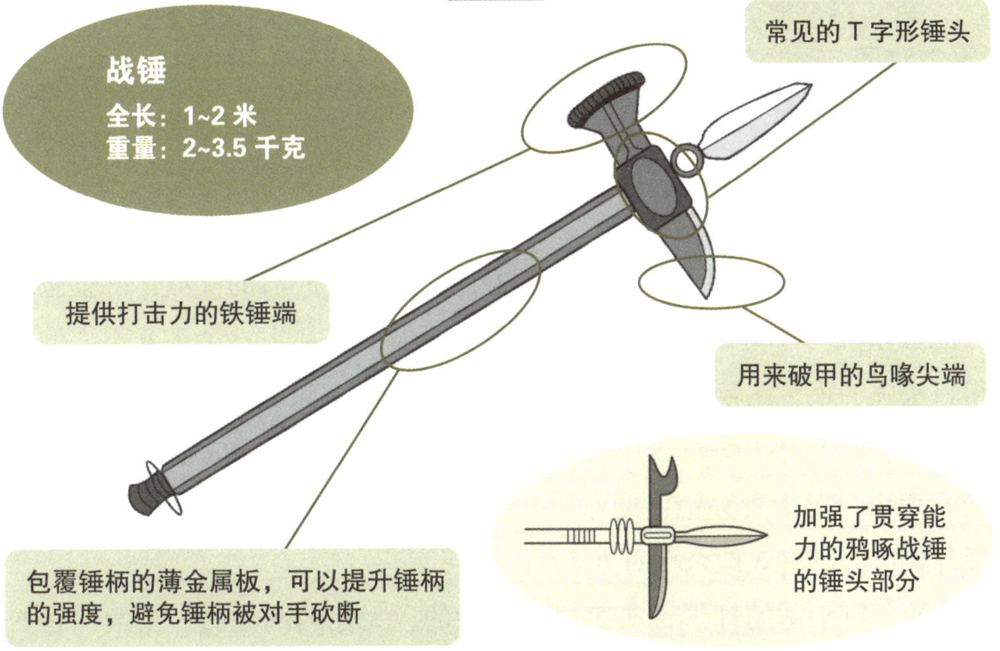

不同战锤的长度各有差异，短柄战锤的长度与钉头锤的差不多，还有一些可以当长柄武器使用的战锤

加强了打击能力的大锤

日本的长柄大锤

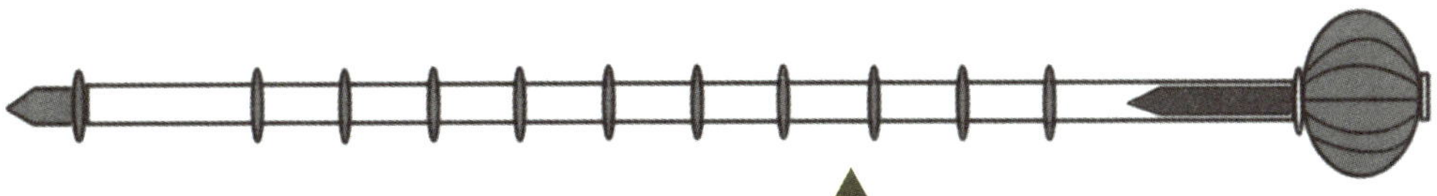

中国的长柄瓜锤

No.036 西方钉头锤

钉头锤是西方锤形兵器的代表，各种形状的锤头通过砸击不仅能够重创对手，还能在战斗中摧毁对手的武器。

棍棒 + 锤 = 钉头锤

钉头锤是介于棍棒武器和锤形武器之间的特殊锤形冷兵器，可以说是“前端装有带钉铁球的棍棒”。它兼具了棍棒、锤两种武器的优点：沉重坚实的锤头能够增加挥舞时的离心力，从而提高武器的破坏力；个头儿不大的锤头使得钉头锤的重量比较合适，配合一定长度的手柄，要比其他战锤轻巧很多。

虽然表面上钉头锤仅仅比棍棒多出一个锤头，但是，它们的破坏力却不可同日而语。对于身穿铠甲的对手，寻常的棍棒进攻往往无任何效果，而钉头锤却仍旧能够有效地杀伤对方。

最初，钉头锤的球形锤头表面是光滑的，无任何凸起。为了增加它的破甲能力及杀伤力，逐渐发展出了表面布满铁刺的星形锤头、由数块铁刃呈放射状分布的刃形锤头，以及铁镐状的 T 字锤头等的各种钉头锤。正是有了这么多样的锤头，使得钉头锤的实战效果更趋理想，它具备了比刀、剑等武器更强的破甲能力，在使用技巧、战术要求上又比战斧等大型武器要低得多，因此，它很快将战斧取代，成为骑士与重装骑兵常用的近战武器。即便战锤、战镐等武器的破甲能力更强，由于钉头锤更便于马上使用，它还具有外形小巧、便于携带、打击效果强的优势，在与战锤、战镐等武器的竞争中，钉头锤还是占据了上风。

就威力而言，与同等尺寸的其他武器相比，钉头锤可以算得上是其中的佼佼者了，它的打击威力相当巨大。在战场疾驰冲锋的马上，持有钉头锤的骑兵会用力挥舞着钉头锤向敌人的头部或胸部砸去，就算敌人身穿重甲，钉头锤的打击力依然足以给敌人造成一定程度的伤害，虽然也许无法直接给敌人造成致命伤害，但是至少可以削弱对方的战斗意志。

钉头锤的基本结构

钉头锤

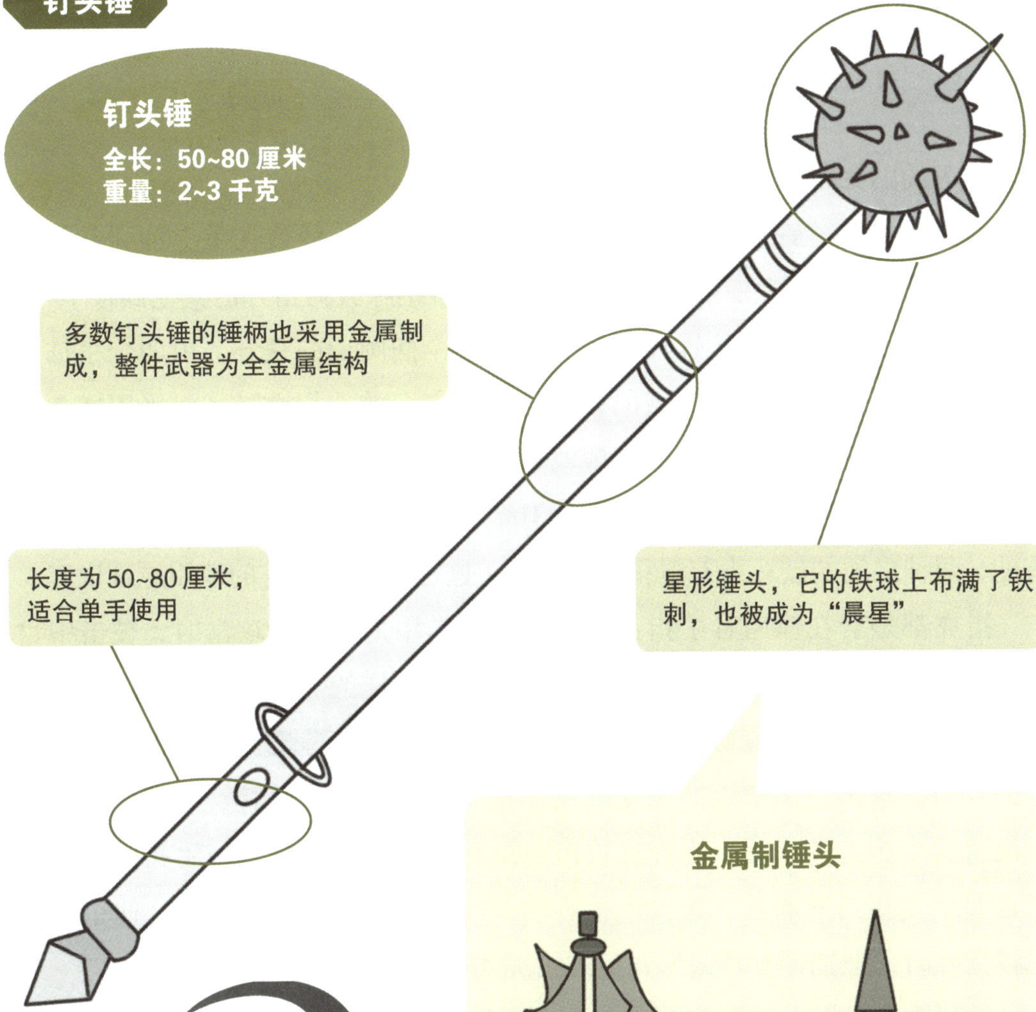

挥舞钉头锤的原理与打高尔夫相似，它的重心在于球杆前端，能释放出相当惊人的巧力

金属制锤头

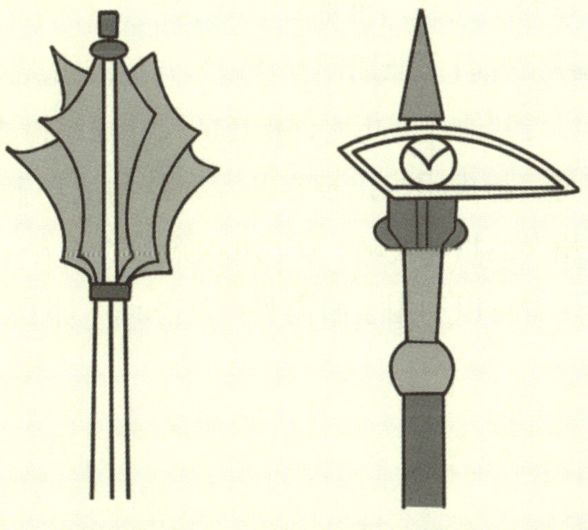

No.037 东方指虎

指虎不同于其他武器，它可以直接戴在手上并很难脱手，凭着小巧的身形在战斗中几乎是如臂使指，相当灵活，擅长以巧制拙。

轻巧的贴身武器

指虎，也有“铁拳”“铁莲花”等叫法，它是一种戴在手上加强拳头攻击力的小型武器。指虎一般开有四个小洞，可容纳除大拇指外的其他四根手指，常见的形状为四个小铁环连在一起或者是一个椭圆形的铁环。由四个小铁环连接制成、分别穿过手指佩戴的就是传统意义上的“指虎”；而采用椭圆形构造，由整个手掌穿入佩戴的一般叫做“铁拳”。其中，由小铁环连接而成的指虎又能分为两种，一种是掌心处有个类似耳朵形的开口，另一种则是没有的，两种之间的破坏力有着很大的差别，这还得先从指虎的使用原理说起。

指虎都是套在使用者手指上的，根据反作用力原理，攻击时，被击中目标承受的力道与攻击者本身承受的力道是完全一样的。也就是说，攻击时的力道也会同样反弹到戴着指虎的手上。如果在指虎的握把上开有类似耳朵形状的开口，攻击者出拳以后承受的反作用力就可以通过手腕、手臂来吸收。而没有这个构造的指虎，指虎在攻击时反冲的力道几乎全部由手指承受，自己也要承受相当的痛苦，这会严重影响到攻击的最终效果。因此，使用者在选择指虎时，握把带有耳朵形开口的指虎才是最佳的选择。

与其他武器相比，指虎的尺寸很小，适合贴身携带，一般用于暗杀及个人防身，指虎很少出现在两军对峙的战场上。由于指虎的攻击效果完全取决于使用者的格斗技巧，为了增加指虎的威力，人们还制出了一种带有尖刺的指虎，使用者可以利用上面尖刺在攻击时将对手刺伤，提高打击造成的伤害。

指虎的作用在于强化拳头的力量

指虎的不同形状

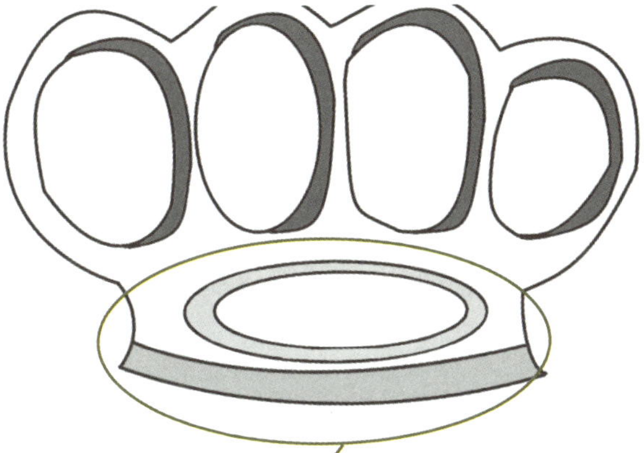

为分散冲击力而设计的耳朵状构造

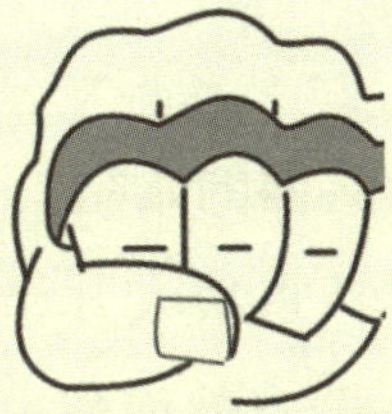

使用方式

虽然没有耳朵构造的指虎在携带时似乎更加方便，但是它在实际使用中的效果并不佳

没有“耳朵”的粗劣指虎

日本忍者使用的铁拳

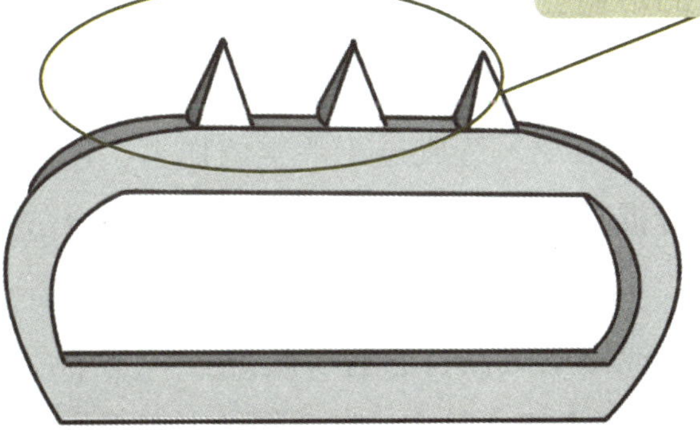

带铁刺的椭圆形铁拳

No.038 冷兵器的始祖：棍棒

棍棒是最易获得的冷兵器，最早的木制棍棒发展到后来的金属制棍棒后，它的杀伤力得到了很大提高。

冷兵器的始祖

自从古猿人开始学会使用工具，木制棍棒这类在大自然可以随意获取的原始武器自然而然就成为了最早的冷兵器。所以，可以这么说，棍棒是冷兵器的始祖。

和其他武器相比，棍棒似乎是最难重创对手的武器，也正因为如此，棍棒成为人类手中的武器不久，人们便开始尝试通过各种途径来增加其杀伤力，最早的方式是在棍棒的前端捆绑石头这类的坚硬物体用于日常狩猎。经过漫长的岁月，随着金属冶炼技术的发展，金属开始得到广泛的使用，这才逐渐发展出剑、斧、锤等武器。

早期的棍棒多用木制成，后来还出现了金属制棍棒以及现代的橡胶制棍棒。尤其是用金属材料制成的棍棒，在重量上几乎是翻了几倍，它的杀伤力自然就不容忽视了。就像《西游记》中孙悟空使用的如意金箍棒，在小说的描述中，妖怪与之打斗时几乎是磕着即死、擦着即伤。这虽然是对棍棒系武器进行的一些艺术夸张，不过，在古代就有一些增加棍棒威力的方法，比如在棍棒两端加装铆钉、铁刺等尖锐物品，尤其是加装了铁刺的狼牙棒，它能够轻易地贯穿对手的盔甲。

橡胶警棍就是现代最为常见的棍棒系武器。棍棒系武器拥有无刃武器中特有的低杀伤力，在维持日常治安的时候，这是警方非常重视的一个因素。执勤中警察使用警棍，既不会给犯罪嫌疑人造成过于严重的伤害，还能起到一定的压制效果。但是，如果用警棍直接殴打头部的话，仍然可能会造成致命伤害。

现代还有另一种称为“拐”的棍棒系武器，它有长短之分。其中，短拐经常出现在一些动作类影视作品中，往往都是保安、打手们必不可少的武器。

简单而杀伤力很强的棍棒系武器

警棍

警棍
全长：30~50 厘米
重量：约 500 克

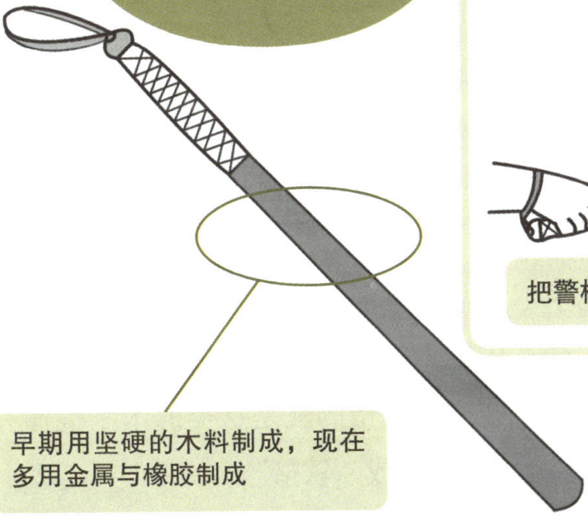

早期用坚硬的木料制成，现在多用金属与橡胶制成

拐也属于棍棒武器

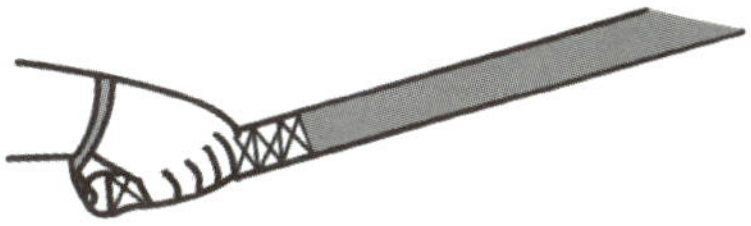

把警棍尾端的绳圈套在腕部防止掉落

特殊棍棒：狼牙棒

狼牙棒
全长：2~3 米
重量：3~5 千克

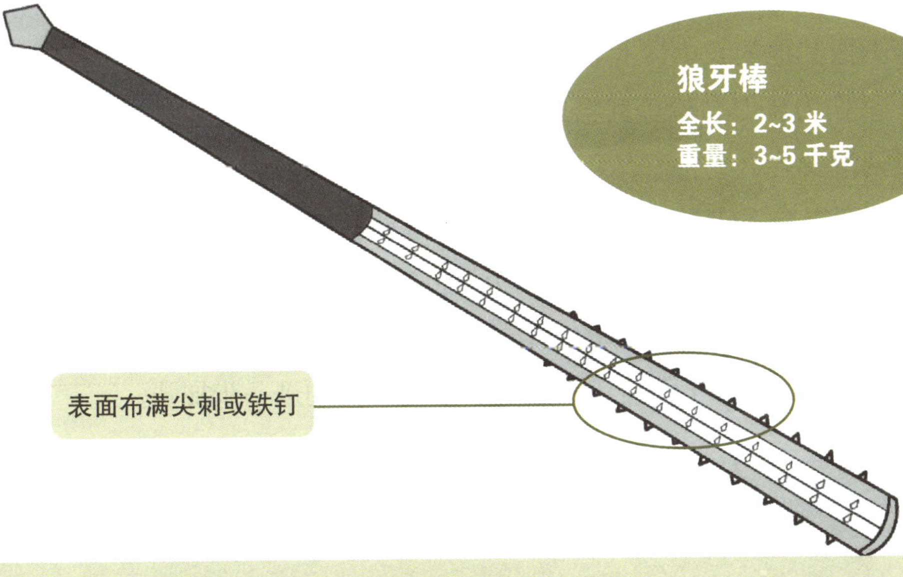

表面布满尖刺或铁钉

当沉重的金属狼牙棒挥动起来时，它造成的伤害非常恐怖

No.039 东方四角棍

为了增加棍棒的威力，它的外形上有了许多的变化，带有棱角的四角棍就是其中的一种，在攻击时，棱角的杀伤力要比圆形的强很多。

升级版的棍棒——四角棍

棍是中国传统武术中经常可以看到的一种武器，属于长柄冷兵器。它按照不同的长度可以分为齐眉棍（长约 1.6 米）、七尺棍（长约 2 米）、九尺棍（长约 2.6 米）、丈二棍（长约 4 米）等。棍的横截面一般都为圆形，粗细以单手能够把握为准。

虽然棍通常都是用来对付几乎不穿戴防具的对手，但是，在制作材料上它仍然是经过精挑细选的。棍多会选用枣木、槐木等密度较高的扎实木料，在中国古代宋朝军队常用的“杆棒”“白棒”指的就是这类的木制棍棒。还有一些棍是用金属制成的，一般称为“铁杖”或“铁棓”。

棍是用于近战搏斗的武器，它的攻击范围较广，在武术上有着“棍扫一大片”的说法。棍棒可以使用它的任何部位进行攻击，弥补了长柄武器被人近身后难以展开身法的缺点，在连续进攻上要比其他长柄武器强很多。

棍棒不像其他的长柄冷兵器那样开有刀刃，它造成的伤害主要是钝器伤和瘀伤，杀伤力比刀、枪等武器的要弱。不过，正是考虑到这一点，棍棒常常会在其两端安装上金属鐏，令棍棒的打击及戳刺的威力得到极大的提升。

为了再度提升杀伤力，带有棱角的棍棒开始大行其道。其中，四角棍就是这类棍棒系武器中的佼佼者。四角棍的棱角在劈打中能够更好地将力道集中，这使得四角棍比普通圆形棍棒的杀伤力大很多。甚至还有一些经过特殊加工的四角棍，它在两端加上铆钉等凸起物，杀伤力得到进一步加强。

棍棒武器

四角棍

棍棒主要由坚实防裂的木材制成，也有金属制成的

从头到尾粗细相同，可根据使用者的体格来定制相应的长度及宽度

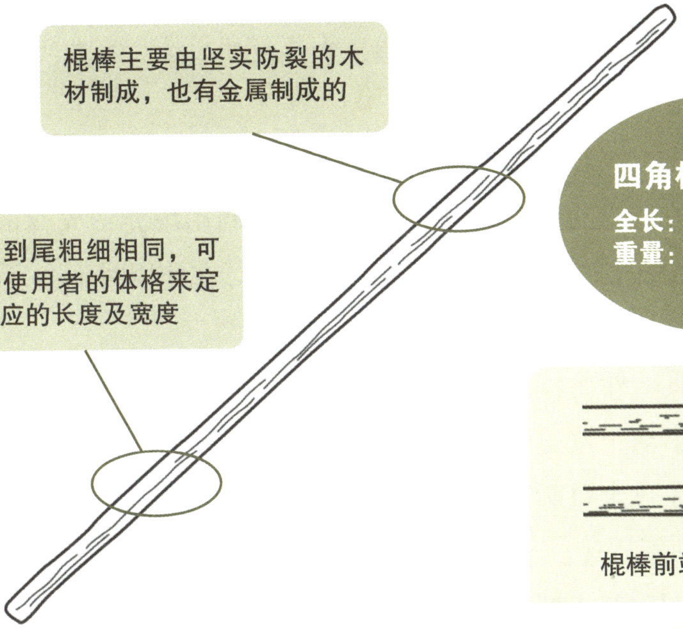

四角棍

全长：1.8~3 米
重量：0.8~2 千克

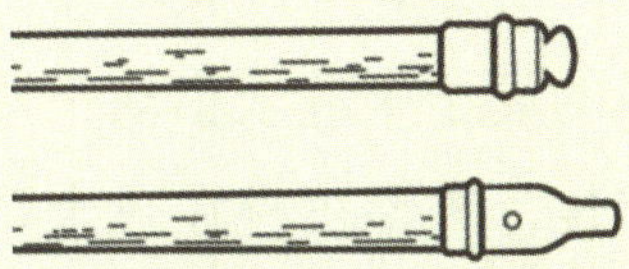

棍棒前端安装上金属鐏

除圆形棍外，还有四角棍、多角棍棒

各种棍棒的名称和长度
齐眉棍（长约 1.6 米）
七尺棍（长约 2 米）
九尺棍（长约 2.6 米）
丈二棍（长约 4 米）

No.040 现代便携式短棍

现代短棍不同于一般的传统棍棒，它是由硬物填充制成，外形小巧，方便携带，虽然不能应用于战场上，但是它经常充当个人防身的武器。

方便携带的短棍

这里所说的短棍，指的是19至20世纪出现的利用填充物支撑的高密度小型自卫棍棒，它的表面通常是用皮革或者橡胶制成，在使用时不会发出声响，被它击中的部位表面上也不会留下痕迹。

裹铅皮棍是目前国外比较常见的一种便携式短棍，它是在皮革或者尼龙制成的套子中缝入铅块，皮革可以吸收硬物敲击时产生的声响。特别值得注意的是，裹铅皮棍在攻击目标头部等要害部位时杀伤力很强，相当有效，可以直接造成目标的短暂昏迷。

另外，国外还流行另一种称为“黑杰克”的短棍，它的长度约为50厘米，是在狭长的皮袋中装入碎铅块或沙石制成，这种短棍虽然不如裹铅皮棍那样短小，不太便于随身携带，但是，它在击中目标时造成的伤害却要比裹铅皮棍大得多。

在影视作品或小说当中，裹铅皮棍和“黑杰克”短棍常常是黑帮打手、私人保镖等首选的个人随身冷兵器，这可能是因为这类短棍不但便于携带，而且在打斗中又不容易留下痕迹的缘故。

与这两种短棍类似，橡胶制的警棍也属于此类便携式短棍，这种警棍在橡胶内嵌有金属棒等硬物，在攻击中能起到和裹铅皮棍类似的效果，在防暴行动的人群驱散过程中经常作为警察的主要武器。

使用便携式短棍这种武器的目的虽然不是为了伤及目标的性命，但是，在重击人的头部或者后脑勺等部位时，它仍然有可能会造成致命伤害，因此，在使用便携式短棍时必须要注意到这一点，避免发生误伤。

外表是皮革的短棍

裹铅皮棍

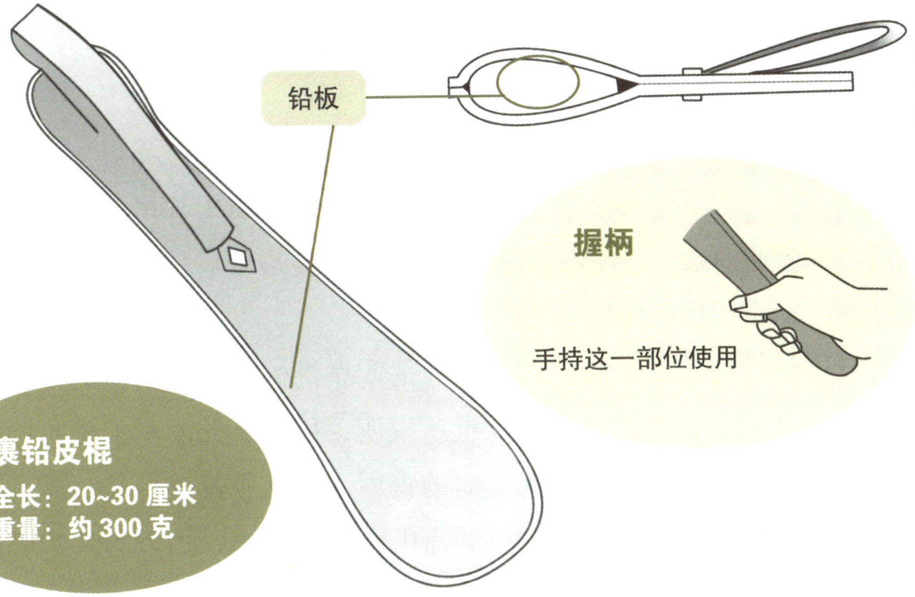

裹铅皮棍
全长：20~30 厘米
重量：约 300 克

“黑杰克”短棍

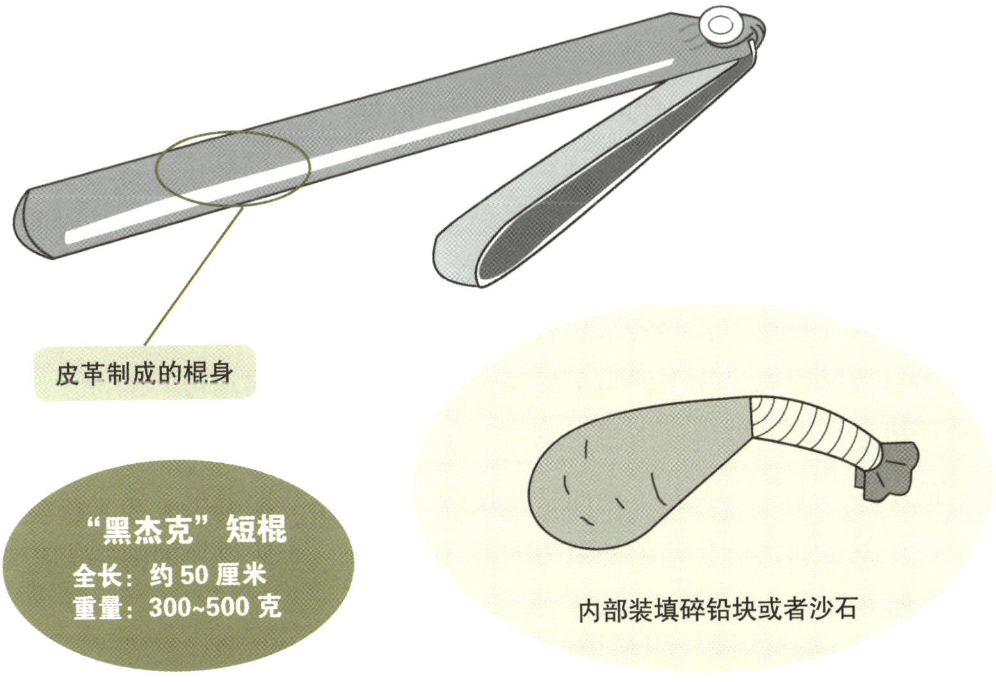

“黑杰克”短棍
全长：约 50 厘米
重量：300~500 克

No.041 西方弩机

投射兵器在战场上起到的作用是其他武器无法替代的，而弩更是投射武器中的佼佼者，精准的命中是其他投射武器可望而不可及的。

远距离、精准射杀目标

在古代，为了能够远距离杀伤敌人，人们发明了长弓、投掷标枪、投石索等多种投射兵器，但是，这些投射兵器主要是依靠使用者的手感来瞄准，对于新手而言，很难保证它的命中率。

与这些投射兵器不同，西方弩机是依靠机械力量来射击的复合弓（由古埃及第十九王朝法老拉美西斯二世所发明，用混合的木材或骨头构成的细长片制成），西方弩机在每次射击时的投射力量几乎都能保持一致，这样，使用者可以专心地进行瞄准，弩机的命中率要比需要一边发力一边瞄准的长弓等投射兵器高出很多。

为了增加西方弩机的射程，人们还给它加装了强度更高的弹簧板，以及杠杆、齿轮等部件，专门用于攻城的大型强弩的射程可达600米，特大型床弩的射程可达千米。

古代欧洲曾出现过一种供单兵使用的手持弩，这种弩也叫做“十字弓”。在中世纪，它是一种大威力的远距离杀伤武器，还可以算得上是当时最有效的骑士杀手。与普通的长弓相比，虽然十字弓在装填箭矢时耗费的时间比长弓要长很多，但是，它比弓的射程更远，穿透力也更强，杀伤力更大，命中率更高，而且对使用者的要求也较低。当它刚开始流行于欧洲大陆时，在十字弓的有效射程内，骑士们身上披挂的锁子甲几乎形同虚设。不过，这也间接地促进了板甲的发展。由于十字弓对于骑士的威胁过大，一度遭到了当时教会的干预，十字弓被教皇全面禁止使用，这才逐渐地退出了历史舞台。但历史往往就是如此巧合，正是因为十字弓的退出，才使得早期的热火药武器开始在西方得到蓬勃发展。

个人使用的远距离狙击利器

十字弓

十字弓

全长：0.6~1 米
宽度：50~70 厘米
重量：弩身 3~10 千克

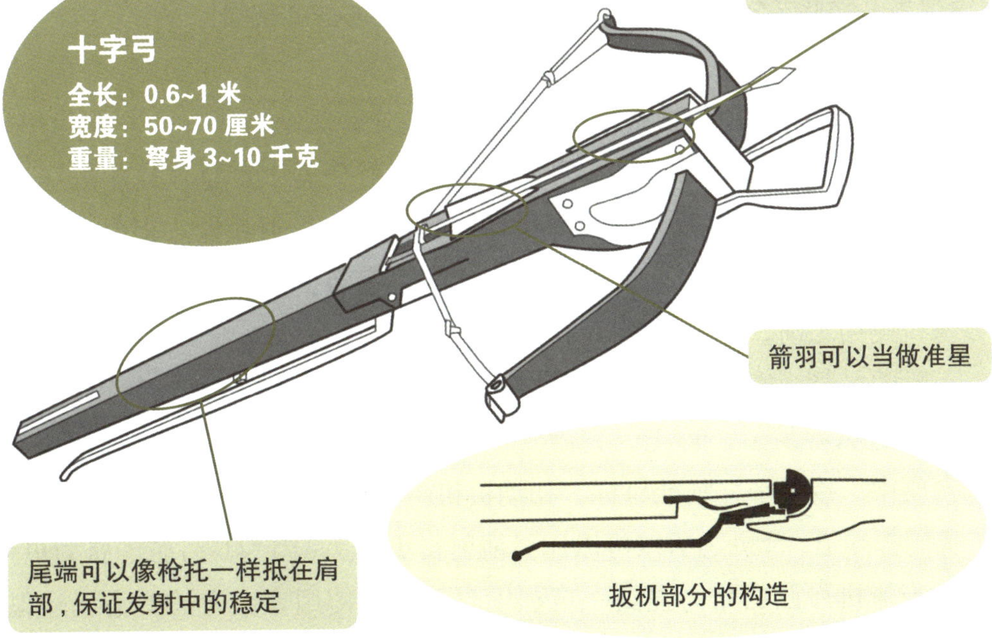

不同用途的箭头

前端尖锐，能够深深刺入目标

前端呈喇叭状，可以用来破坏木板等物体

带有倒钩的箭头

前端有凹陷，防止射中金属铠甲时滑落

十字弓所用的弩箭短而粗，箭头多呈角锥状，箭身多用金属制成，威力很大

No.042 西方弩机在射击前的准备

弩机虽然威力强大，但却并不完美，比如射击前的装填就要比弓箭逊色很多。除此之外，在射击前，它还需要做好哪些准备呢？

西方弩机在发射前的准备步骤

正如我们前文提到的一样，西方弩机在投射兵器中算是比较精准的一种了，它的杀伤力更是远远大于同等尺寸的其他人力投射兵器。但是，它的缺点也很明显，就是在发射前的准备工作要比弓箭等武器繁琐得多。那么，在西方弩机使用之前，都要做哪些准备呢？

一般的弓箭只需要简单的两个步骤：箭尾抵住弓弦→拉满弦后松手。而弩机就不这么容易了，首先，它需要拉满弦并固定好；其次，将特制的弩箭放入台座中；接下来，瞄准目标，扣动扳机击发。

我们都知道，弩机之所以可以比弓箭射得更远，是因为其弓弦的张力更强。可是，当弩机弓弦的张力强到一定程度时，单凭使用者个人的臂力已经很难将弓弦拉动；同时，弓弦也很难固定在发射位置上，这导致弩机的发射速度越来越慢。

这时候，一种用全身力量拉弦的“腹弩”开始出现。在使用腹弩的时候，使用者需要弯下腰将弩机尾端抵住腹部，手脚并用，然后将弓弦定位。

随着弩机的外形进一步增大，专门用来拉弦的配套辅助型部件也开始出现。其中，应用得最广的是羊脚式弩机，它利用的是杠杆原理。还有像通过齿轮转动来牵引拉动弓弦的曲轴式弩机、利用大型滑轮的绞盘式弩机等。随着这些大型的西方弩机出现，它已经从方便携带使用的个人武器发展成为攻城拔寨用的大型兵器，不过，虽然这些弩机的威力和命中率相当惊人，它们的射速却变得更慢，每分钟只能发射 1~2 支弩箭而已。

即便如此，人们依然觉得弩机的张力不够，射程和威力还是欠缺，于是，他们逐渐把目光转向改良弓弦或者弹簧上。马其顿国王亚历山大三世首先将扭力弹簧运用到了弩机当中，他发明出一种大威力弩炮，称为“扭簧弩炮”，为亚历山大三世的开疆掠土立下了汗马功劳。

弩机的壮大和拉弦方式的变化

需要手脚并用的腹弩

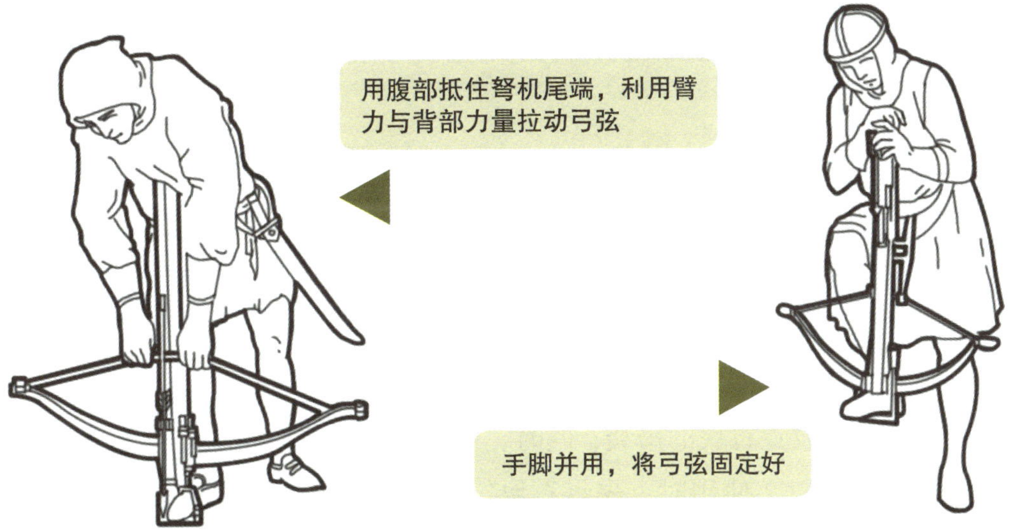

典型的大型西方弩机

羊脚式弩机

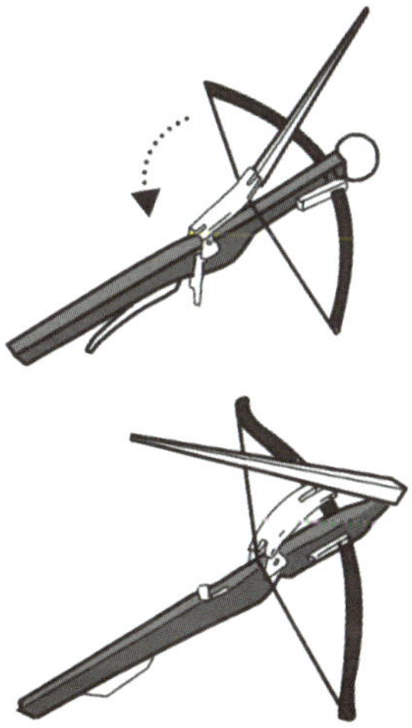

利用杠杆原理，拉开弓弦

曲轴式弩机

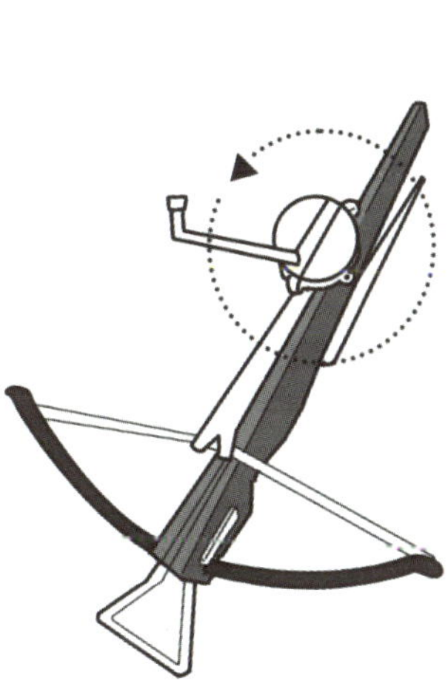

利用齿轮原理

绞盘式弩机

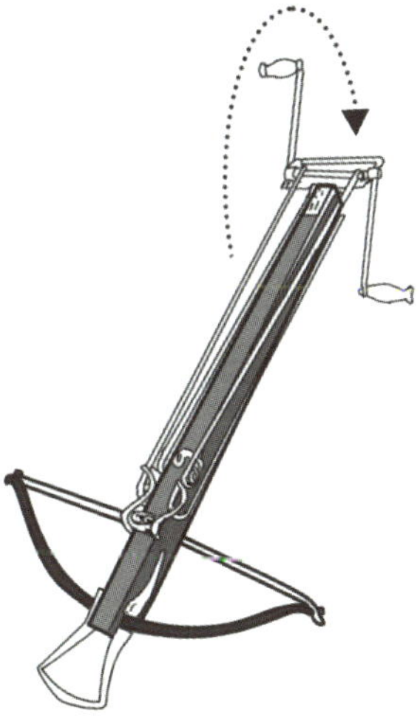

利用滑轮来卷开弓弦

大型弩机的发射准备更加耗时，每分钟只能发射 1~2 发

No.043 捕缚工具：西方投石索

当人们学会用绳子绑着石头来攻击目标时，就意味着投石索的诞生，从空中飞落的石块往往能给目标带来严重的伤害。

用绳索牵引着石头飞向目标

在远古时代，人们就已经学会通过投掷石块来驱赶野兽或者攻击敌人。但是，仅凭借手臂的力量来投掷石块的话，它的投掷距离、造成的伤害、命中率等都相当有限。于是，像其他投射武器一样，人们巧妙地将离心力原理运用到石块投掷的改良中。他们将绳索制成了类似吊床的形状，在绳子的中间设有一个用来放置石块的吊袋；同时，再将绳索的其中一端绕成一个小环，套在手指上固定。在使用时，先将石块等包在吊袋里，然后用手同时抓住绳索的两端，用力挥舞令石块在半空中旋转，在获得足够的离心力后松开绳索两端，石块即可被抛射出去，投石索就这么产生了。在《旧约圣经》中曾记载，以色列的大卫王曾经使过投石索将巨人击败。

虽然，投石索的威力大小是由石块、铅块等弹丸的重量所决定的，但是如果弹丸的体积过大，不但会影响携带，旋转加速的效果也会随之下降。因此，投石索的弹丸通常会选择用体积小、密度大、重量大的金属材料来制作。

投石索在使用中需要很高的技巧，初学者往往很难将投石索投掷向正确的方向并命中目标。虽然，熟练掌握它的投射技巧要比弓箭、弩机等武器需要花费更长的训练时间，但是，凭着投石索在实战中的优势，例如携带方便、制作简单、弹丸（像石头之类）甚至可以就地取材等，在很大程度上可以弥补它在射程及威力上的不足。据说，大卫王用投石索击败巨人时，使用的就是从小河边随手捡来的 5 颗石头。

凭着这些优势，投石索很快就在世界各地流传开来。在投石索的基础上，还发展出了“多球捕兽绳”，它的整体结构与投石索极其相似，不过是在手指的扣环上同时连接了多个金属球，在命中目标后还会将目标牢牢缠住。

投石索的结构

投掷的姿势

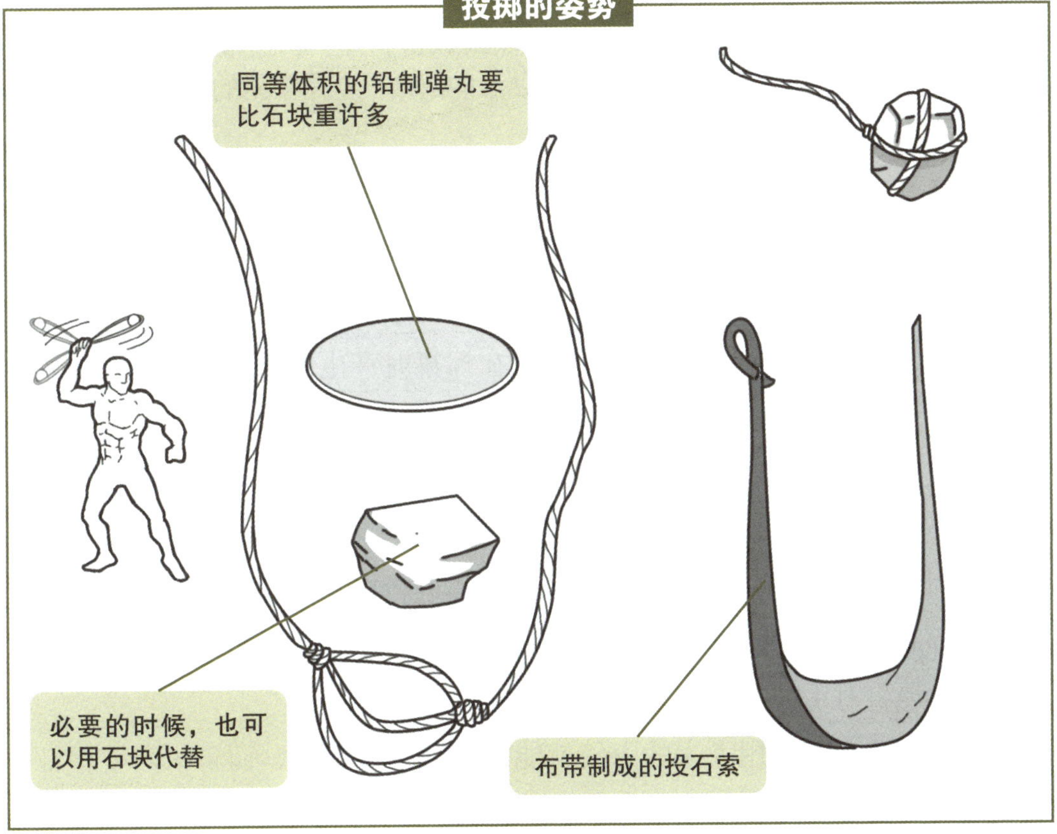

多球捕兽绳

多球捕兽绳在命中目标后会缠住目标，令其无法动弹。如果目标被金属球直接击中的话，也会对目标造成一定程度的伤害

No.044 东、西方常见的连枷

说起连枷，它的握柄一端常用绳索或铁链将锤头、短棍等连接起来，也许读者还是不太明白，那么，大家熟悉的双截棍就是常见的连枷系武器。

形同双截棍的连枷

连枷泛属于锤形冷兵器的一种，它通常主要由手持的握柄与专司攻击目标的锤头两部分组成，两部分中间用铁链或绳索连接，整体结构就像是双截棍一样。与其他锤形冷兵器不同，连枷在挥舞时产生的离心力可以对前端的锤头进行加速，当锤头命中目标后杀伤力更强。

在战斗中，连枷前端的锤头往往都保持旋转中的状态，使用者可以随时选择向不同的方向发起攻击，因此，对手很难对其攻击轨迹进行正确的判断。同时，对手想要使用剑或枪等武器来对连枷进行格挡也并不容易，这是由于剑或枪等武器会被挥舞中连枷的铁链所牵引；同时，它前端的锤头会向后折回，依然有可能将对手击中。

使用者并不需要用太大的力气就能将连枷挥舞起来，而且只需要保证锤头旋转，让对手无法预测自己的攻击轨迹即可。在格挡防御中，连枷就要比其他武器弱很多。由于连枷采用的分段式结构，在卸力与格挡中并不具备优势，因此，最好别尝试使用连枷的锤头来格挡对手的进攻。

双截棍虽然也是连枷系武器中的一种，但它与传统的连枷有所区别，传统连枷的握柄部分要比锤头部分长一些，而双截棍则为两端等长，它可以任意选择握柄一端当做锤头或握柄使用。

除了棍棒形锤头以外，连枷还有一种锤头呈球状的“链球连枷”。球状锤头能够将挥击时的力量集中在一点上，因此，链球连枷造成的杀伤力更大，同时，对手想要将它架开的难度也更大。在链球连枷中，最为有名的要数“晨星连枷”了，晨星是一种表面布满尖刺的铁球，这种连枷也因此而得名。

灵活而颇具威力的近战武器

连枷的构造

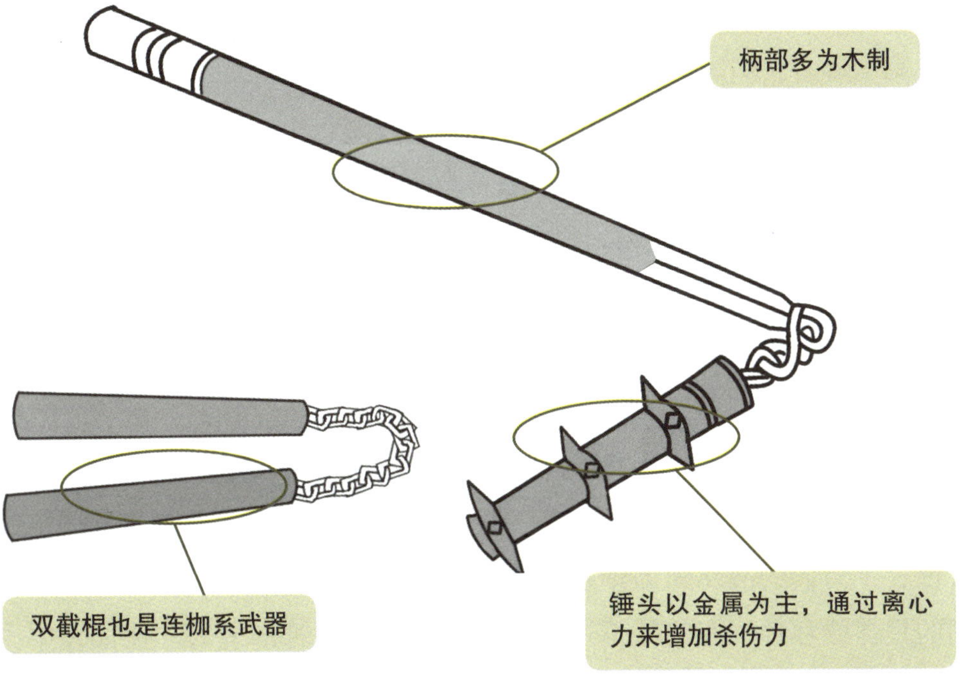

链球连枷

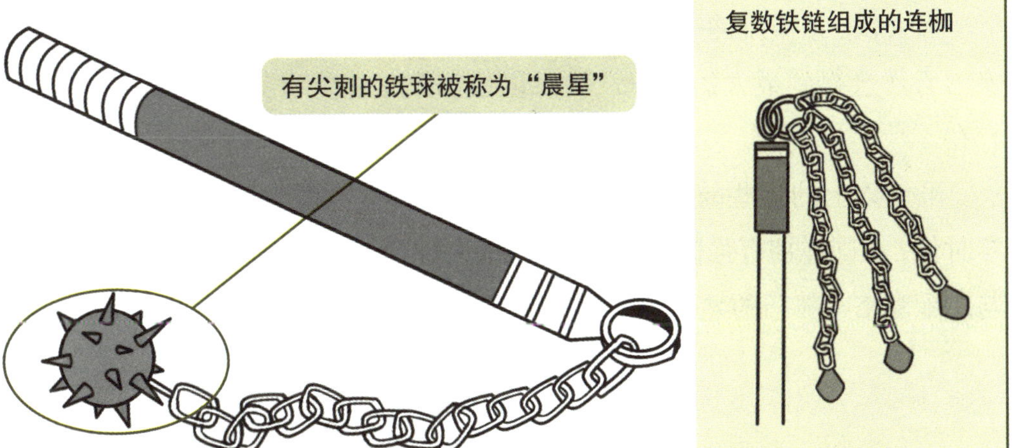

以上的这几种连枷通常都是供骑兵使用的单手武器，与步兵使用的“步兵连枷”这种长柄武器区别很大

专题：冷兵器与武功秘籍

在许多武侠小说、网络游戏中，神兵利器及武功秘籍往往都是众多武林人士、游戏主角们争夺的终极目标，许多武侠小说、网络游戏的故事情节铺垫都是围绕着它们而展开。

那些所谓“武功秘籍”中包含的逆天技能总是让人觉得那么不可思议、有时甚至是无法想象。在这些虚幻的武侠世界里，大侠们在习得武功秘籍中的绝招后立刻就会拥有各种神秘的超能力，既能翻手成云、覆手起雨，在运功出招时还可以出现像夹杂着闪电、烈火等相当华丽的攻击形式。其实，在武侠小说中武功秘籍所展示出的逆天技能都是在传统的搏击技巧上进行的艺术夸张。

除了武功秘籍，神兵利器同样是武侠世界中人人想往追求的另一个超级目标。一旦大侠、主角们拥有了一件或一套“神器”时，这些神器往往能让大侠、主角们的战斗力即刻发生天翻地覆的变化。神器不但可以轻松将对手们的兵器毁坏掉，有的甚至还具备惊天地、泣鬼神的能力。比如像中国古代神话传说中的轩辕剑，据说是黄帝曾经使用的兵器，其内蕴含了天地间无穷的力量，是一把能够斩妖除魔的顶级神器。

当大侠、主角们将这些神兵利器与武功秘籍成功地融合在一起，他们的实力必然会得到最大的升华，可以说他们就是武侠世界中的巅峰人物，无敌存在。

虽然以上的这些故事情节都是虚构的，但是我们仍可从中看到，在冷兵器时代，在同样拥有强健体魄的武者之间，武器的合理选择、武器性能的优劣、与之配套格斗技巧的熟练程度等这些才是战斗中决定胜负的关键因素。

第三章
技巧型武器

No.045 什么是技巧型武器

冷兵器中，有一些武器对使用者的战斗技巧要求更高，强健的体能只能说是冷兵器使用者的一项基本身体素质要求。

寻找战机，一招制敌

武器的有效杀伤力指的是武器使用者如何将挥动武器时产生的动能迅速地转化为破坏力，并以此对敌人发起有效攻击，力求一招制敌。其实在冷兵器时代，士兵并不需要耗费过多的气力去将敌人打到粉身碎骨的地步，他只需要做到以最短的时间攻击到敌人的要害部位，令其无法动弹甚至丧命就算达到本次攻击的目的。这样，士兵在战斗中才能养精蓄锐，保持良好的体力，随时加入到下一场与敌人的面对面搏杀中。

在战斗中，技巧型战士与力量型战士在战术运用上有着很大区别。就算同样都是采用劈、砍等的进攻方式，力量型战士往往追求的是猛、狠，以力打力；而技巧型战士则不同，他往往会利用这些攻击来令对方受伤后心存胆怯，或是激怒对方令其无法冷静地判断战况，等到对手出现破绽时，迅速采用突刺的进攻方式完成必杀一击。所谓“突刺”，就是将自己全身的力量都集中在武器首部的尖端，快速地向目标要害奋力一击。突刺的威力丝毫不逊色于力量型战士用尽全力劈、砍造成的杀伤力。这就是技巧型战士和力量型战士的最大区别。

技巧型战士必须经过严格的训练方能熟练地掌握作战技巧，由于他们对目标的特定攻击部位十分精准和纯熟，通常会选用比较轻巧的武器，比如擅长突刺的西洋剑、挑拨突刺样样精通的四角棍、以及用来佯攻牵制敌人的飞刀等。

即便已经具备了十分纯熟的战斗技巧，力量对于技巧型战士来说，同样也是不可缺少的，尤其是瞬间的爆发力。也就是说，所谓技巧型战士，并不是意味着他们的力量有多薄弱，只不过他们在战斗时会更多地选择以巧搏力的战法而已。

常见的技巧型武器

技巧型武器的使用者：技巧型战士
技术娴熟，使用武器如臂使指
瞬间爆发，令敌人无从躲闪
平衡感极强，重心不稳也能进攻

标准武器

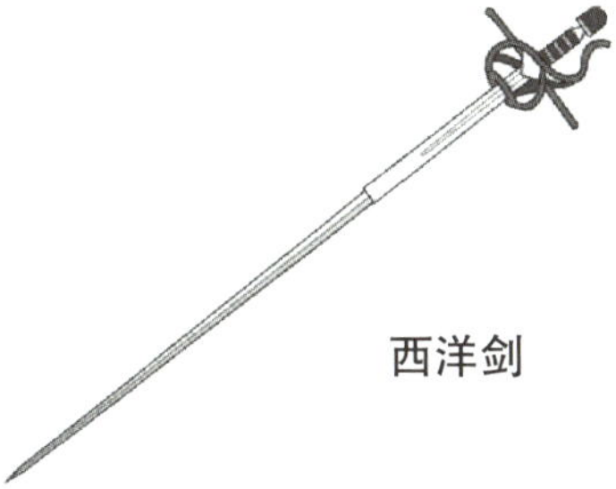

西洋剑

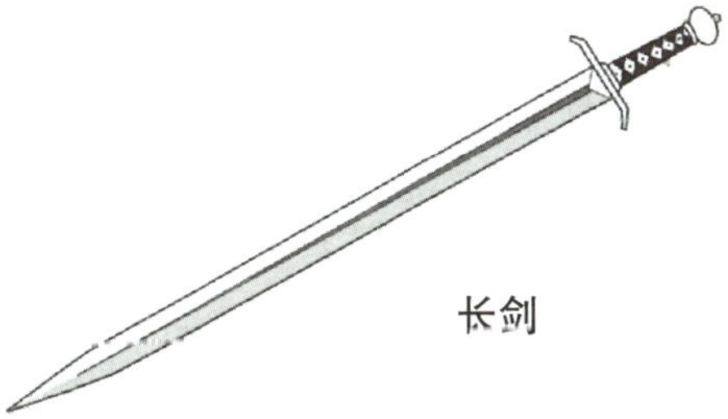

长剑

需要长期训练，战斗中依靠精准攻击来杀伤敌人

进阶武器

鞭

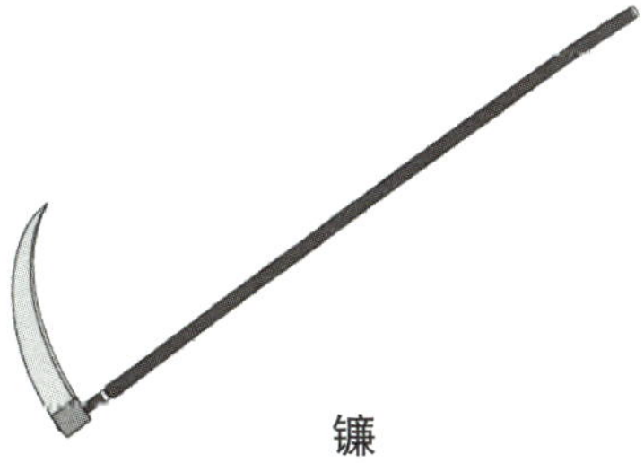

镰

越难掌握的武器，越能体现使用者的战斗技巧

棍棒是集劈、扫、刺于一身的打击类武器，它也能发挥出技巧型战士的战斗技巧

No.046 西方军刀

16世纪以后欧洲骑兵所使用的中型武器，它的刀身为单刃，外形有直刀、弯刀等不同的形状。西方军刀可以说是现代军刀的雏形。

因用途而异的刀身形状

一般人印象中的西方军刀，是一种刀身根部近似于直刀，刀尖的曲线倾向于弯刀的武器。这种“半弯刀式”的军刀整体为单刃结构，只有刀刃前端的三分之一处采用双刃的设计，这种开刃方式称为“假刃”。军刀用来突刺或者砍杀都很合适，这种军刀来源于早期的欧洲军刀。

欧洲军刀主要可以分为双刃直刀和单刃弯刀两种，双刃直刀的刀身较长而且比较轻巧，非常适合骑兵在马上单手使用。双刃直刀的特点与长剑、西洋剑等欧洲传统刀剑相似，多是利用战马向前奔跑的冲力来刺杀敌人；而受到波斯弯刀影响较重的单刃弯刀，则更适合马上骑兵在与敌人错身之际进行砍杀。

当军刀出现的时候，火器已经逐渐在西方国家得到推广，步兵开始装备火枪，加上军刀本身的重量比较轻，在步战中的威力不足，因此，军刀主要装备在骑兵部队中。

到17至19世纪，欧洲不断向世界各地扩张，这个时期还出现了佩剑、水手用军刀等可以算是军刀衍生物的剑系冷兵器。佩剑和水手用军刀的前端，都采用了与现代军刀一样的“假刃”设计，它们的刀身比现代军刀更宽，更利于砍杀。

佩剑原是一种供狩猎使用的斩击用刀，一般市民在打猎时常常会使用到它。德国和沙皇俄国军队曾经把佩剑作为备用的个人防身武器，在步枪、刺刀无法使用时应付突发状况。

水手用军刀则是以佩剑为原型，将其改造成更适合海战用的个人随身武器。与佩剑相比，其外形特征是刀身更短一些，以便在狭窄并且随波起伏不定的舰船上使用。

骑兵用军刀以及其衍生出的其他军刀

军刀

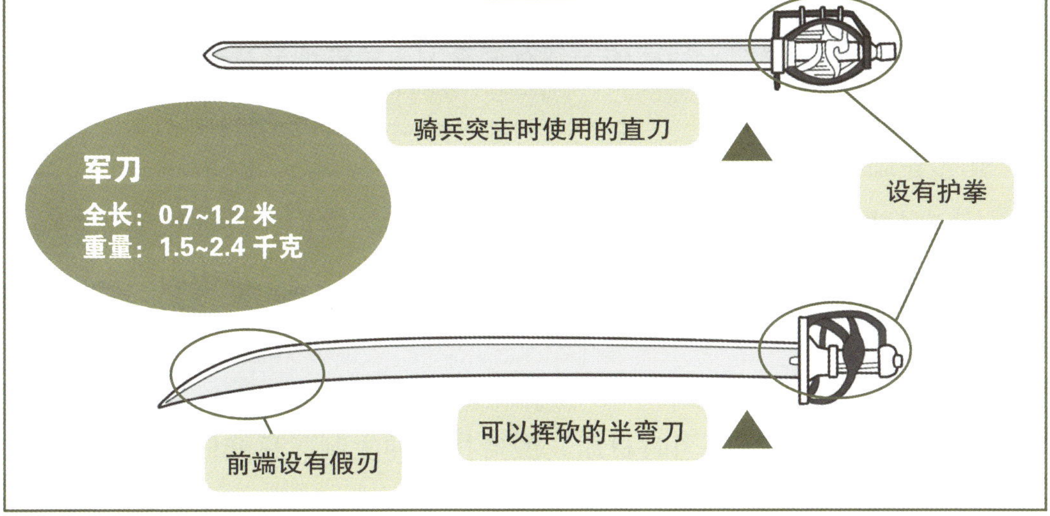

佩剑

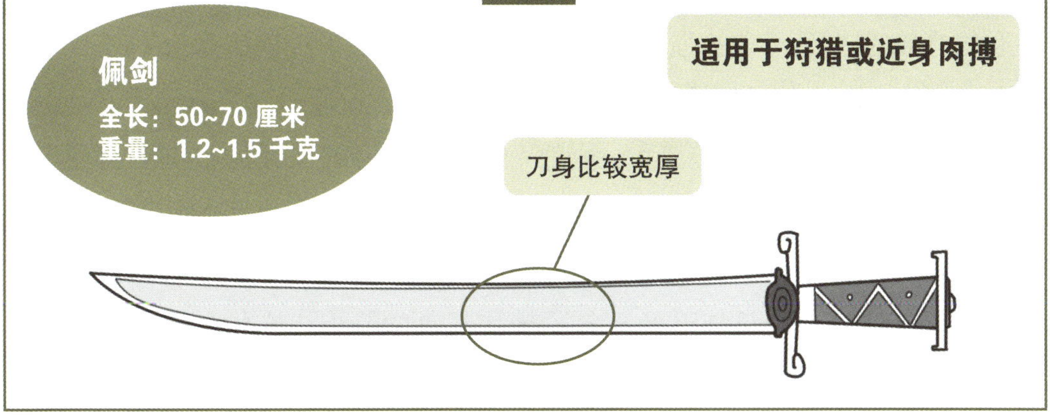

水手用军刀

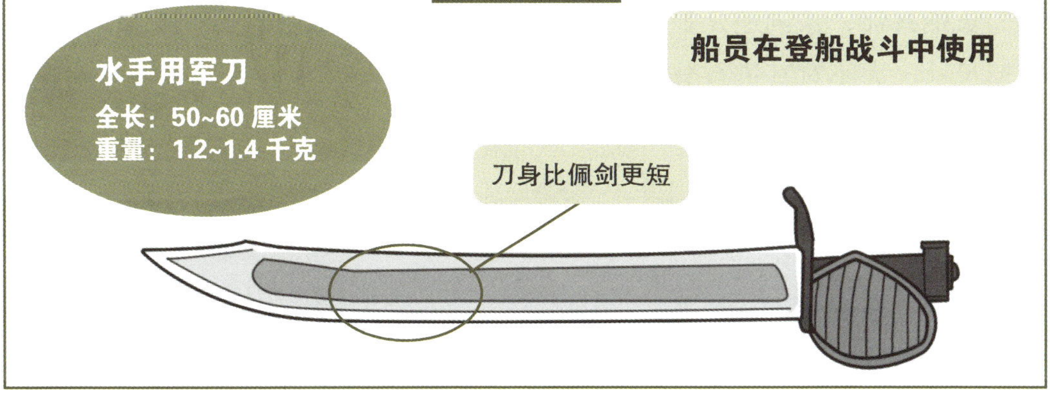

No.047 欧洲长剑

长剑特征为直身、单持、双刃，是中世纪骑士专用斩击剑。随着锻造技术的进步，早期和后期的长剑在宽度、血槽等细节有着很大区别。

中世纪骑士的标准配剑

长剑是西方剑系武器中出现得比较早的一种，据说，最早长剑是罗马帝国危机时期蛮人使用过的剑，因为在战斗中的威力巨大，遂成为了古代欧洲的标准用剑。后来，还发展出西方骑士专用的斩击用剑，它的外形比一般的剑要长，属于中型武器。

初期的长剑由于受到当时材质及锻造技术的限制，只能使用淬火法来加强剑身的强度及硬度，但是，这种方法只能强化长剑的表面，剑身内部并没有得到强化，它的质地仍然比较脆弱柔软。使用淬火法锻造出来的长剑不仅外形相当笨重，而且它的强度并不高，战斗中的每一次砍斫都会对长剑造成一定的损伤，剑身即使不会断裂也会因此而弯曲。

在炼钢法得到广泛推广后，强度及硬度开始得到保证的长剑剑身逐渐变得越来越细长、越来越锐利，长剑在战斗中的攻击方式也开始从以斩击为主向以突刺为主转变。到了十字军东征的时候，长剑已经发展成为西方骑士的标准佩剑，这时候的长剑已经具备了现代长剑的雏形，它的剑身细长扁平，整体不加修饰，在外观上相当简洁朴素。

然而，虽然名为“长剑”，其意义并不在于它本身有多长，毕竟比起其他的长柄兵器，长剑还是显得相当小巧。所谓的“长剑”，这只是依据剑的外形尺寸、大小对其进行分类的一种方法，是它与其他西方剑系武器对比出来的结果而已。从它的使用历史来看，这种剑更应该被称为“骑士剑”。

骑士的专用佩剑

早期长剑

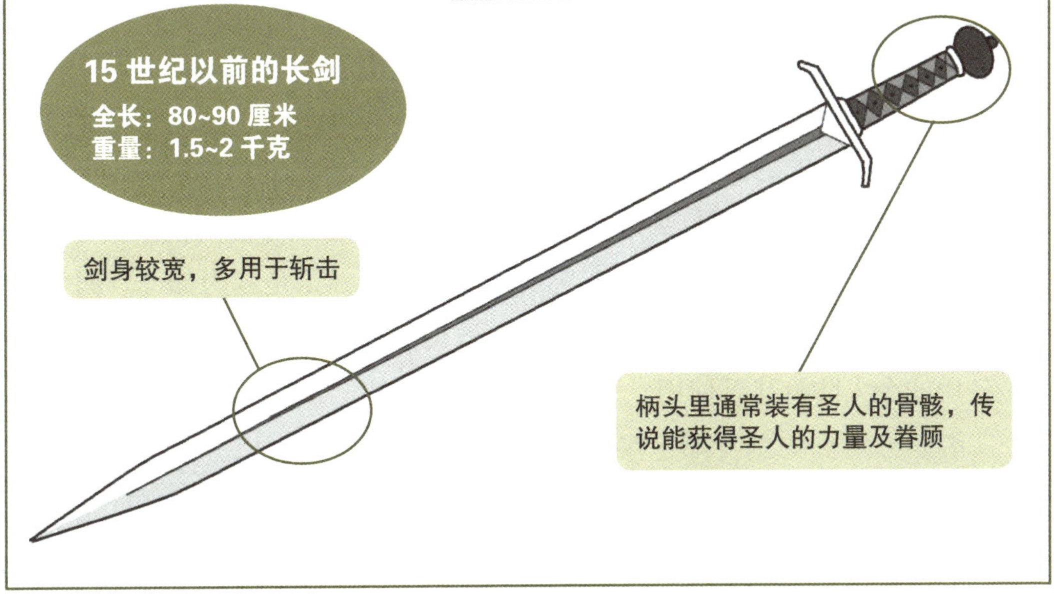

现代长剑

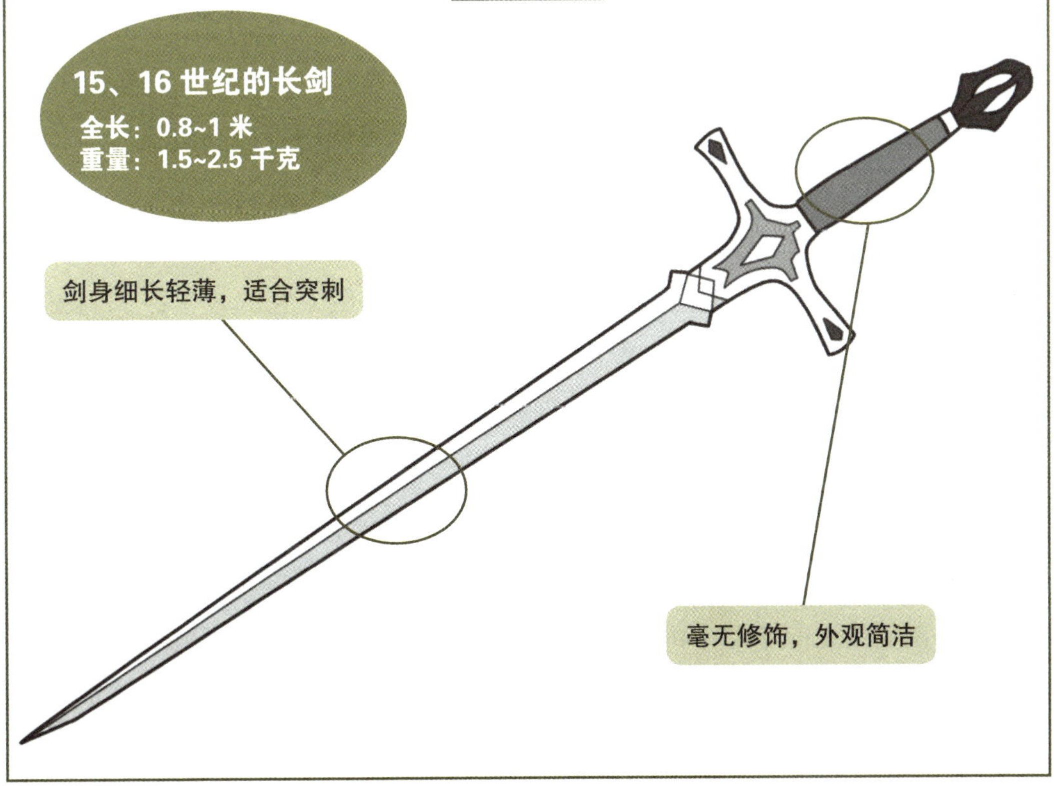

No.048 罗马短剑

短剑从外形上看，它比长剑短，比匕首长。短剑的短小剑身也不太适合于劈砍，多用于突刺攻击。

近战与混战中的利器

西方短剑是介于匕首与剑之间的剑系武器，它的长度为 60 ~ 75 厘米，其设计的初衷是为了便于在混战中充当小型剑使用。正是因为如此，西方骑士们平时一般并不佩带短剑，只有用枪这类长柄兵器的步兵才会选择将短剑当做备用的个人防身武器使用。

一般西方短剑的剑身都是双刃的，从外形上看短剑可以分为两类：一种是剑身向前端逐渐变窄的传统短剑；另一种是剑身根部到剑尖的宽度始终保持一致的罗马短剑。这两种短剑在近距混战中均可用来突刺及斩击，可视实际情况灵活地运用。短剑特别适用于敌我混杂的混乱战场、狭窄的巷道等场所。

罗马短剑可以说是西方短剑的典型代表，这种短剑最早出现于罗马帝国，故名为“罗马短剑”。它剑身的根部与剑尖同宽，剑柄末端的球形柄头极具特色。罗马短剑主要供帝国步兵装备，通常配合盾牌一起使用。罗马帝国曾专门建立过使用短剑、盾牌的剑盾步兵方阵。不过，使用其他武器的步兵也会将罗马短剑作为近战的辅助型防身武器。

西方短剑的剑身比较短，相比于长柄兵器及长剑，它的攻击距离自然也不足，杀伤力也略逊一筹。但是，从另一方面来说，短小的剑身令其强度、硬度更高，短小的剑身也比长剑更易掌握。

正是这样，罗马帝国的剑盾步兵非常善于利用短剑的灵活性及强度，采取以防御为主的战斗方式。在战斗中，剑盾步兵方阵会保持统一的移动步法，在防御中寻找反击的机会。哪怕是对上使用长柄武器的敌人，只要通过盾牌和短剑的配合专心防御，同时寻找敌人的破绽，剑盾步兵方阵就可以立于不败之地。

两种不同造型的短剑

短剑

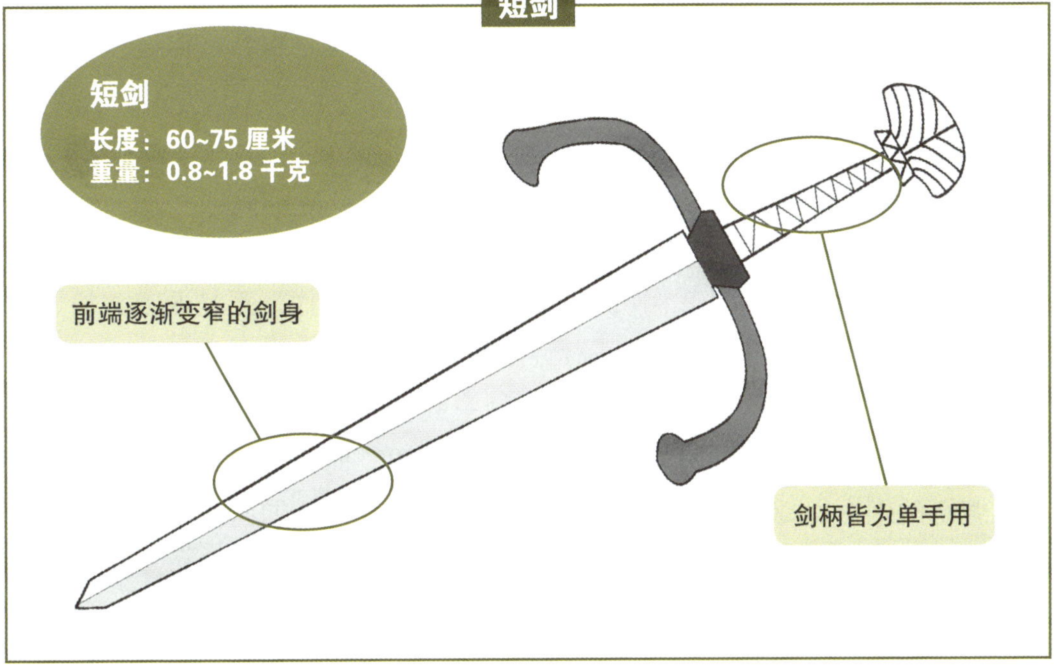

罗马短剑

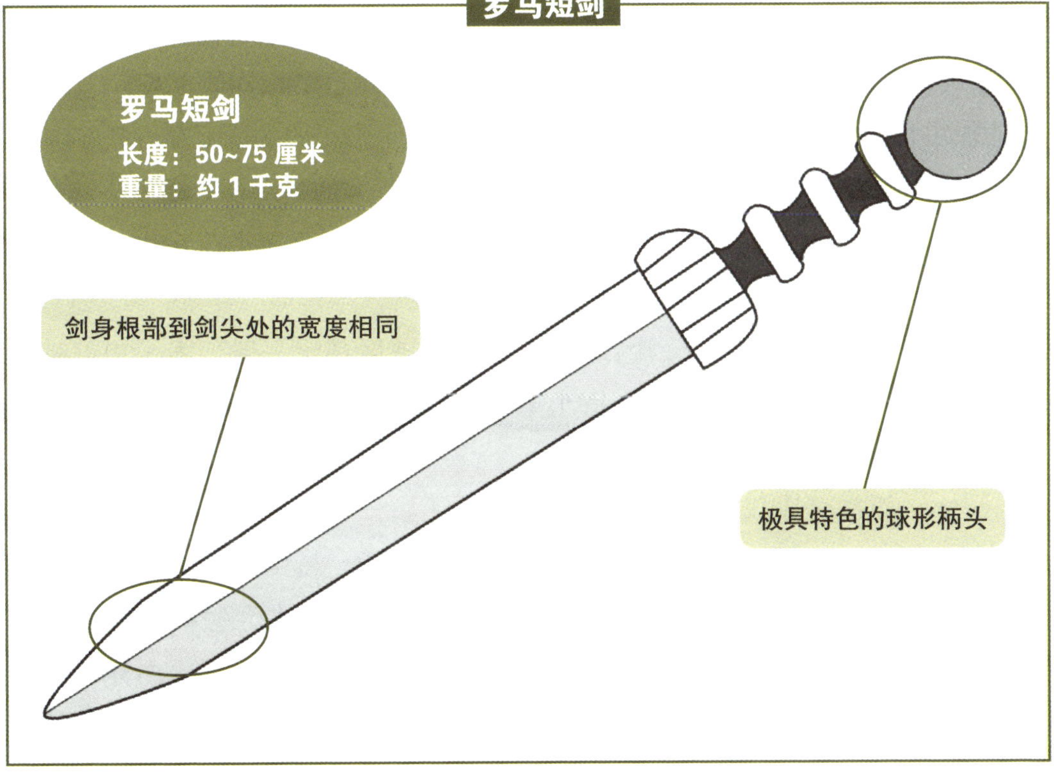

No.049 西洋剑

西洋剑是一种专门的突刺用剑，它的剑身细长且锐利，使用者多为西方的贵族们。

优雅的贵族长剑

西洋剑是16、17世纪左右流行于欧洲的一种突刺用剑，它的剑锋尖锐，剑身细长，多为欧洲的贵族们使用。西洋剑出现的年代，正是西方火枪、炮等热武器刚刚开始兴起、铠甲与盾牌逐渐式微的年代。

与手半剑或双手剑等其他西方大型剑系武器相比，西洋剑的最大特征就是其剑身更细、更轻，同时外表的装饰非常华丽。而且，西洋剑的剑柄是用相互缠绕的细金属棒制成的，战斗中可以用来格挡，后期西洋剑剑柄更是加装了防御、格挡性能更好的碗状护拳。

在战斗中，要想更迅速地捕捉到对手的动作，势必需要更换一把更轻巧的细身长剑，西洋剑就是这种以突刺为主要进攻手段的单手剑。在与使用双手剑这类大型剑系武器的对手交锋中，攻击时只要充分地将西洋剑“轻巧、灵活”的优势发挥出来，同时配以相应的步法，甚至可以在短时间内连续多次刺中对手，给对手造成致命伤害。若是对手也使用相同的西洋剑对阵的话，双方自然都会不断地发起试探性攻击，试图找出对方的破绽，力求一击毙敌。其实，现代体育中极具观赏性的击剑项目就是源自于西方贵族在决斗时一对一的西洋剑对决。

由于西洋剑的剑身细长，因此它的强度及硬度都很一般。为了更好地保护自己，持剑者可以选择用左手持小型盾牌专司防御或选择另持一把短剑，利用左手短剑进行格挡来加强防御。

另外，若是交战双方都使用西洋剑倒也无妨，可以凭着熟练的技巧来取得胜利。但是，当对手使用阔剑或其他长柄武器时，持剑者在保护好剑身的同时，应主动发起进攻，争取快速获胜。如果持剑者只是被动地采取防守姿态，西洋剑的细长剑身在对手的连续重击下迟早会出现断裂。因此，西洋剑在使用中须特别讲究格斗技巧，善用拨、挑等巧力，尽量避免与对手的正面碰撞。

近代突刺刀剑的代表

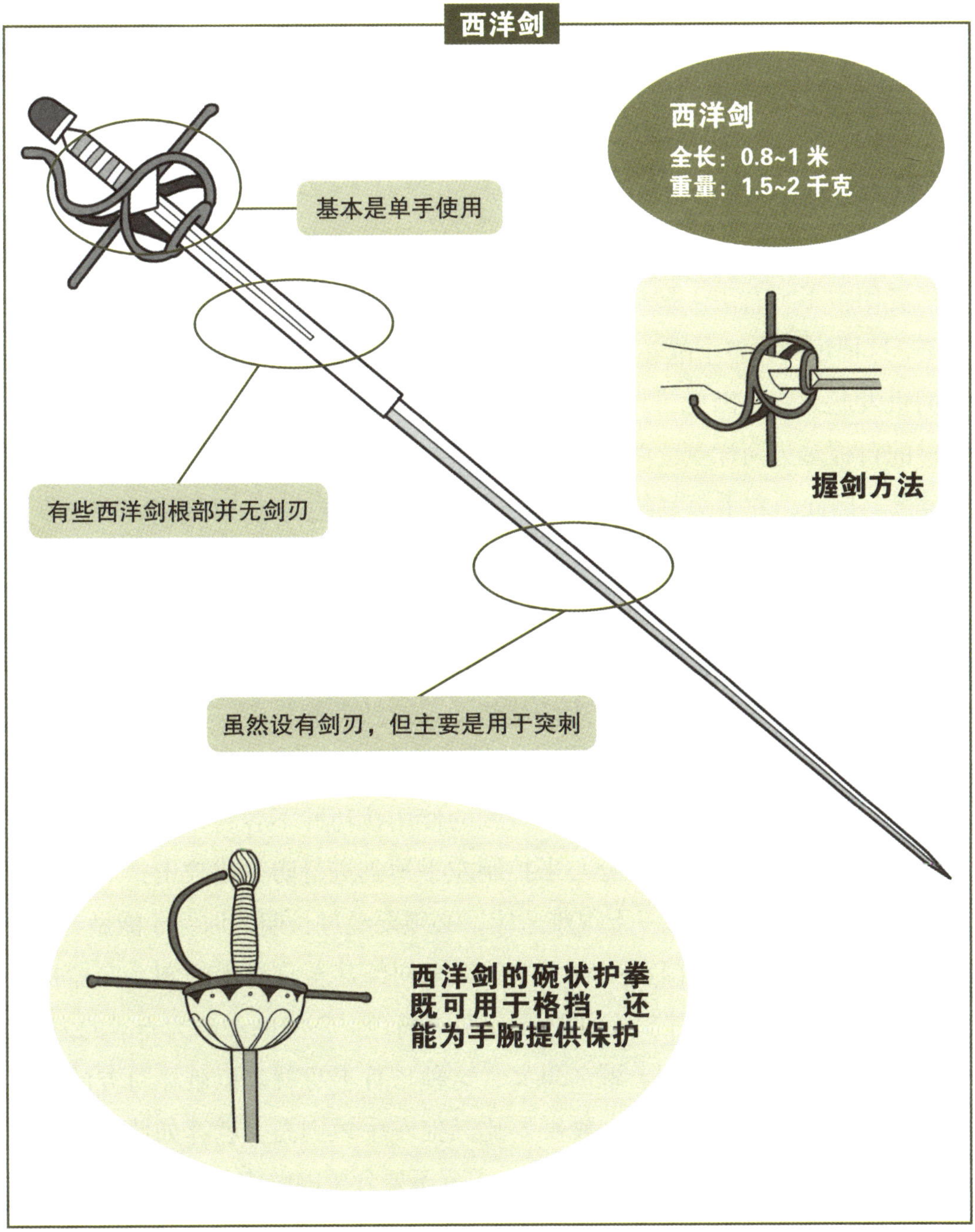

西洋剑的主要攻击手段为突刺，在设计时就没有考虑过其他像挥砍这一类的攻击手段，故而，它剑身的强度、硬度并不高

No.050 欧洲左手短剑

十五世纪末，欧洲开始流行“右手主攻、左手辅防”的双持剑法。供防御用的左手短剑可以将对手使用的西洋剑折断，功能日趋多样化。

转守为攻，把握战机

作为西洋剑的辅助型防御用剑，左手短剑在中世纪的欧洲非常流行。当使用者用主手（右手）握持西洋剑发动主攻时，他的左手通常还会握持一把短剑，这把短剑在整个战斗过程中，主要是通过卸力、格挡的手法来进行防御，并伺机发起偷袭。因此，左手短剑也被称为“格挡短剑”。由于左手短剑要对付的目标多为西洋剑之类细长剑，如果它的剑身过重会影响其防御或攻击的速度，因此，左手短剑的剑身比较轻巧，长度不会超过 50 厘米，在强度上也比其他短剑或匕首弱一些。

左手短剑在握柄处通常设有保护手腕用的护拳，因此，在战斗中还可充当盾牌进行格挡防御。当左手短剑配合主攻右手发起攻击时，为了迷惑对手，左、右两把剑往往都会摆出进攻的架势，不时地发起佯攻，令对手无法判断出自己的真正攻击方向。这种左右夹攻的战斗方式更是令对手心惊胆战，防不胜防。然而，要想熟练掌握左手短剑的使用技巧并不容易，使用者需要在一边攻击对手的同时，一边分心来控制左手短剑进行防御或攻击，对那些惯于单手持剑者而言，往往一下很难适应，必须要经过长期的训练才能做到。

此外，还有一种专门利用对手的破绽来纠缠甚至将对手的剑系武器折断的短剑，称为“折剑匕首”，它的外形十分有特色，剑身的一侧为光滑的刀刃，另一侧为呈梳篦状的锯刃。顾名思义，这种匕首本身就是以破坏对方的武器为主要目的，因此它的强度、硬度要比其他左手短剑高。就算如此，折剑匕首所破坏的目标也仅限于西洋剑而已，千万不要奢望能够将剑身厚重的长剑、阔剑等这类长剑折断。

左手使用的攻防兼备型短剑

左手短剑

左手短剑

全长：30~40 厘米

重量：200~400 克

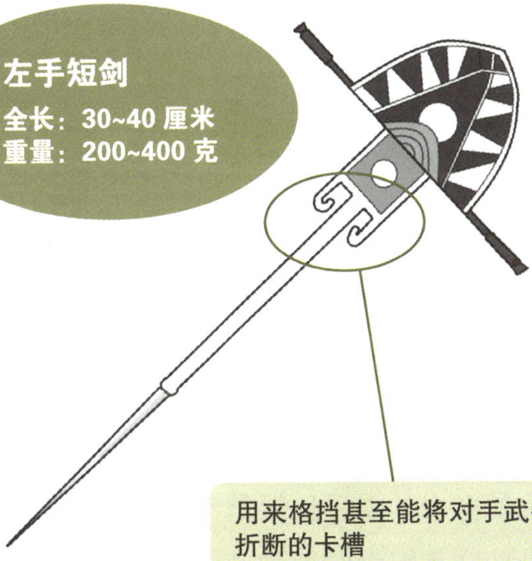

用来格挡甚至能将对手武器折断的卡槽

左手持短剑，右手持西洋剑

折剑匕首

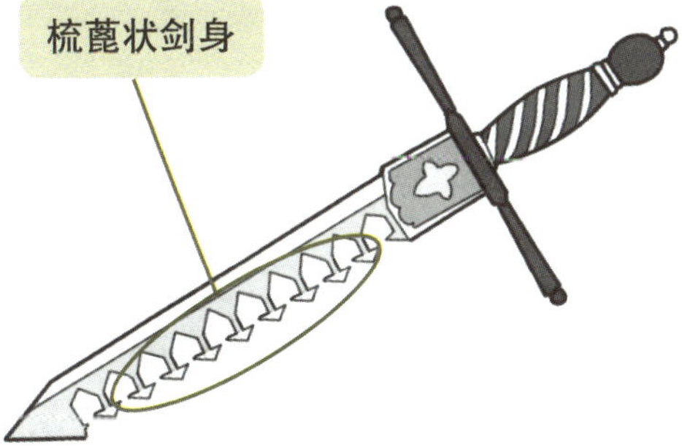

梳蓖状剑身

通常所说的折剑匕首专指的是这种武器

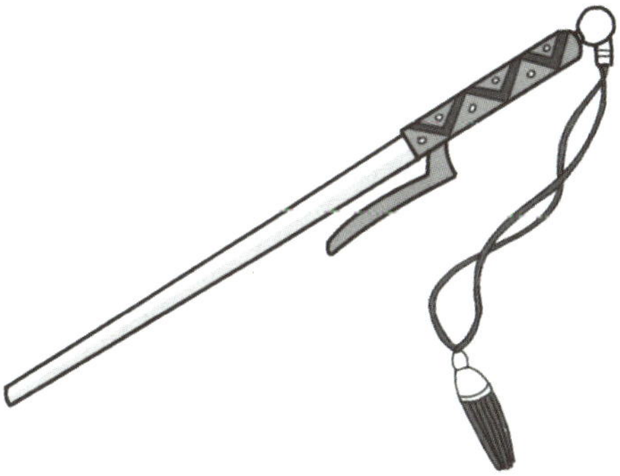

虽然还有其他的左手短剑可以用来破坏对方的西洋剑，但是并不叫折剑匕首

在使用折剑匕首时，最重要的就是必须准确地把握住稍纵即逝的进攻机会，这需要经过不断练习方能掌握

No.051 欧洲刺剑

在 13 至 17 世纪欧洲流行的突刺用剑，剑身并无剑刃，剑柄可双手握持，方便在突刺的时候加力。

专为突刺而设计

刺剑，顾名思义，就是专门通过突刺来杀伤敌人的剑系武器。这种剑最早出现于 13 世纪的欧洲，它是为了应对当时流行的锁子甲而生的。欧洲刺剑的外形特征就是其剑身的外形如同一支大型的粗针，而且，它的剑身上没有开刃。

欧洲刺剑的贯穿力相当惊人，据说它能够刺穿包括金属铠甲在内的绝大多数的铠甲，可见它的穿透能力是多么的强悍！但是，在战场上最好别轻易尝试用它来直接刺穿敌人的铠甲。这是因为欧洲刺剑在刺穿敌人的铠甲后，与铠甲、人体之间产生的摩擦力非常大，想要将刺剑快速地从铠甲中拔出非常困难。记住，敌人是不会在旁边静静地等着你的！所以，用欧洲刺剑连人带甲一起刺穿的手段只是在万不得已的情况下才会考虑使用，更多的时候还是要对准敌人铠甲间的缝隙来展开攻击。

欧洲刺剑这种重视贯穿能力的剑系武器也叫做“穿甲剑”，原本只是供轻骑兵在马上作战时使用的一种单手剑，后逐渐演变为步兵或骑兵下马后步战中使用的剑系武器；同时，为了加大贯穿目标时的威力，欧洲刺剑的握柄和剑身也变得越来越长，最终，双手握持的大型刺剑开始出现在战场上。

在欧洲刺剑的基础上，十六世纪中叶的德国贵族发明了一种狩猎专用的突刺型武器——“猎剑”，它的剑尖酷似枪头，主要用来从马背上刺杀野猪等猎物，使用时一般采用反手持剑的方式，从马背上往下向目标戳刺，因此，这种剑也叫做“猪牙剑”。为了在刺中猎物以后顺利地将剑拔出来，猎剑的握柄专门设计得要比普通剑的长一些。

突刺用剑

刺剑

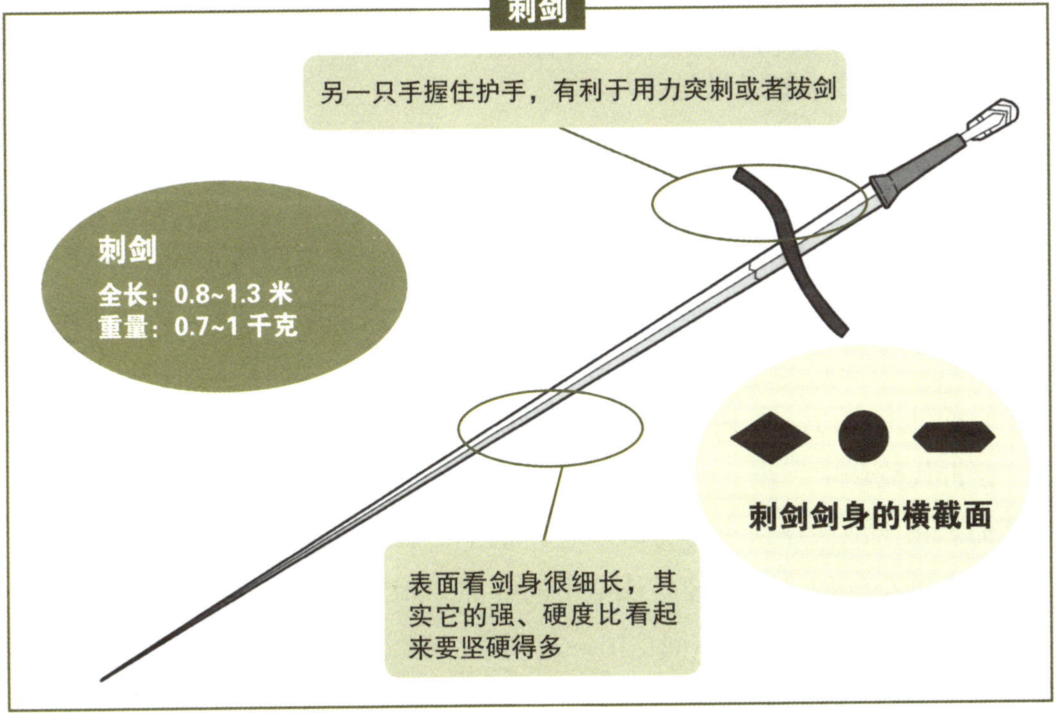
另一只手握住护手，有利于用力突刺或者拔剑
刺剑
全长：0.8~1.3 米
重量：0.7~1 千克
刺剑剑身的横截面
表面看剑身很细长，其实它的强、硬度比看起来要坚硬得多

猎剑

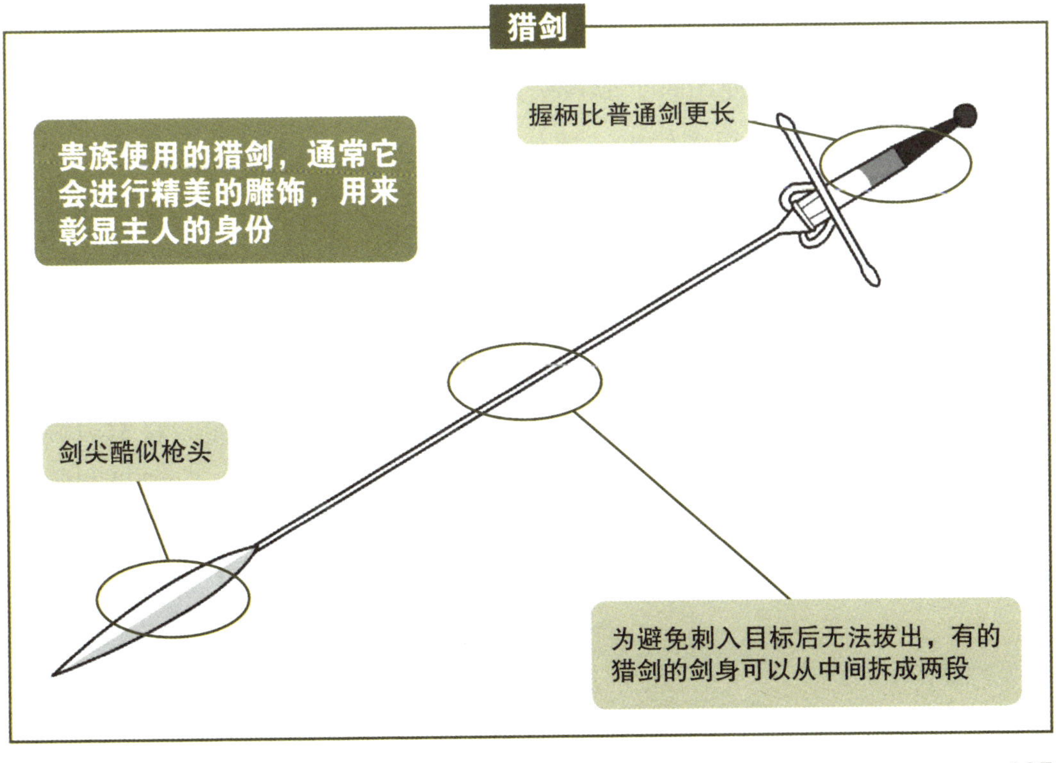
握柄比普通剑更长
贵族使用的猎剑，通常它会进行精美的雕饰，用来彰显主人的身份
剑尖酷似枪头
为避免刺入目标后无法拔出，有的猎剑的剑身可以从中间拆成两段

No.052 微缩版刺剑：短锥

专门用来突刺的短剑，剑身的横截面多呈三角形、菱形，能够加强剑身的强度并增加突刺的威力。

短锥 = 迷你刺剑

短锥是突刺专用的一种小型短剑，如果说匕首是小型剑的话，那么短锥也就是刺剑的缩小版。与刺剑一样，短锥的剑身上也没有剑刃，剑身的横截面多选择三角形、菱形等这些能够撕裂伤口、扩大受伤面积的形状。而且，由于它的外形小巧，便于携带，短锥很快就成为个人突袭、防身的利器。

在古代战场中，步兵们将敌兵放倒以后，往往会用短锥再补上一击，将其毙命。由于敌兵往往也都身着厚重的铠甲，短锥在这个时候就能发挥出它的优势，细小的剑身可以轻易从铠甲的缝隙中刺入敌人的身体，有时候更是可以直接从铠甲的薄弱处连同铠甲一起刺穿，因此，短锥也被称为“穿甲匕首”。正常情况下，正手握持短锥即可刺入敌人身体，倘若需要连同铠甲一起刺穿的话，可以选择反手握持短锥，方便另一只手一起加力。为此，许多短锥还专门对握柄进行改良，使用时更加轻松方便。

短锥继承了刺剑的很多优点，比如坚固的剑身、强效的突刺能力等，短锥看似细小的剑身都是经过强化锻造的，在必要时，短锥还可用来格挡敌人的武器，在防御中找出敌人的破绽，继而发动致命的突刺。

另外，还有一种剑身并非短锥形，却同样也是强化了突刺功能的短剑——拳刃。与其他剑系武器不同，拳刃的握柄与剑身呈垂直的 90 度，便于使用者直接将握柄握在手中。在使用时，使用者的手指与手掌先握紧，将拳刃握在手中，进攻时直接挥拳向对手刺出即可。它的外形更加小巧，一般供刺客用来执行特殊任务。

专门用于突刺的短剑

短锥的结构

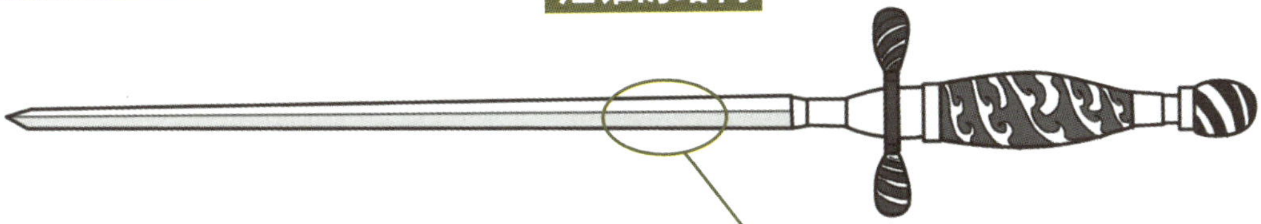

短锥

全长：20~30 厘米

重量：100~300 克

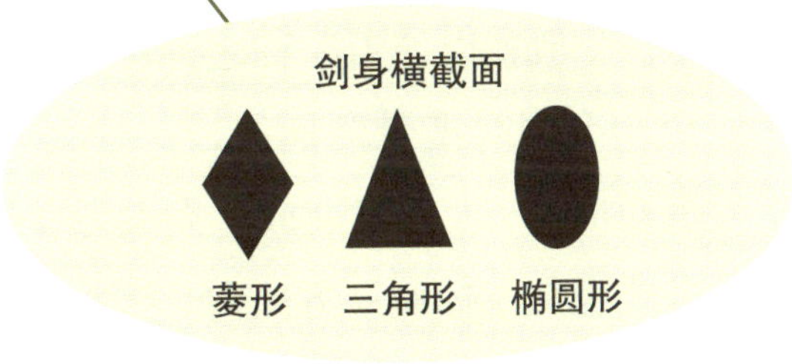

圆柄短锥

圆柄短锥

全长：约 30 厘米

重量：200~300 克

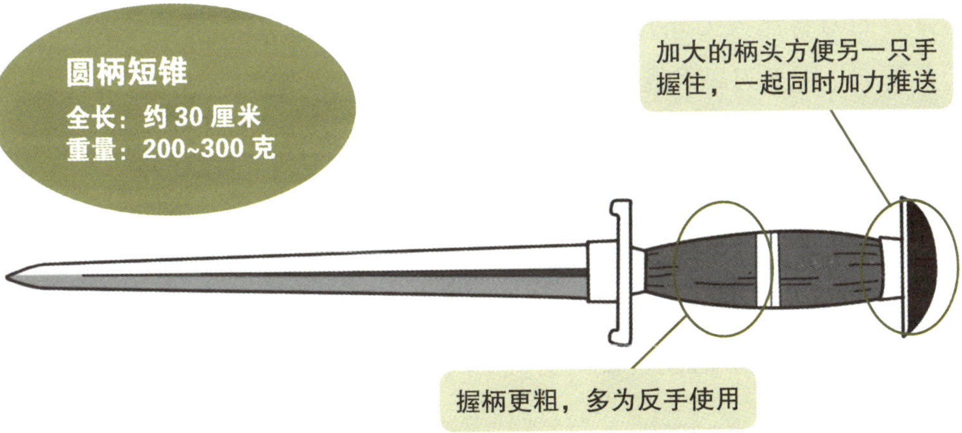

拳刃

拳刃

全长：30~70 厘米

重量：300~800 克

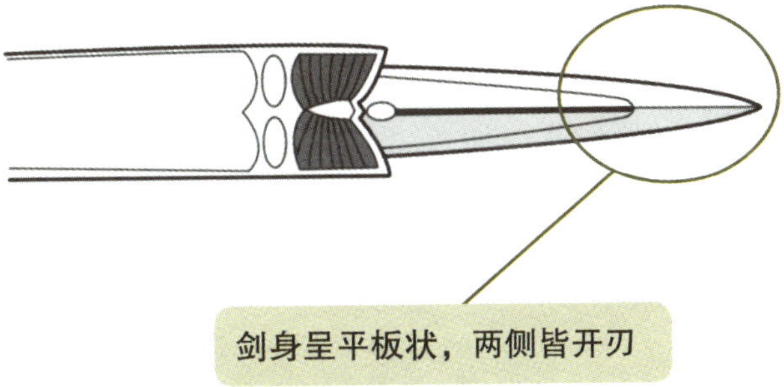

No.053 日本打刀

打刀即常说的“日本武士刀”，刀身呈圆弧形，它的刃部极其锋利，专门用来斩、切。刀柄较长，足够双手握持，由于自重较轻，也可单手使用。

日本武士刀

打刀，一般就以“刀”称之，可以说是日本刀的典型代表。在日本的镰仓时代，武士会同时携带两柄刀，一把太刀，一把腰刀。打刀正是在腰刀的基础上发展而成的，太刀发展成了大太刀、野太刀等大型刀具，而腰刀加长以后，进攻的方式也从“捅刺”方式向“劈打”方式转变，因此，被称为“打刀”。

日本的室町时代，打刀的发展进入了一个全盛时期，并且开始与胁差（小太刀）共同佩带于腰间，这种打刀与胁差共同佩带的方式一直延续至今天。

打刀的刀身比太刀略短，为了便于使用，打刀通常系上“下绪”(绑在刀鞘上的绳带，用于刀鞘和腰带间固定)挂在使用者的腰间，这样，使用者只需要一伸手就能拔刀出鞘。同时，由于打刀的最大弧度位于刀身的中央偏前部分，使得拔刀的动作更加流畅。打刀这种刀身弯曲的设计称为“先反”。

打刀与太刀的外形基本相同，两者的区别之一在于打刀的刀鞘口两侧分别插放有小柄和笄：小柄是一种长6寸(约18厘米)左右的小刀，很少用于战斗中，一般用在日常生活中的削、割；笄是插于小柄对侧，用来整理头发和挠痒的小工具。

相比太刀刀鞘的奢华装饰，打刀则要朴素很多。它的护手和刀柄等位置都是精心设计，更加侧重于实战中的应用。另外，太刀多为骑兵在马上使用，而打刀则主要用于步战。另外。两者在摆放上也有不同的要求。通常，打刀在摆放时刀刃都是朝上的，而太刀则是刀刃朝下放置。

日本武士的象征

打刀结构图示

打刀

全长：0.9~1 米

重量：1~1.2 千克

打刀的下绪长约 1.5 米

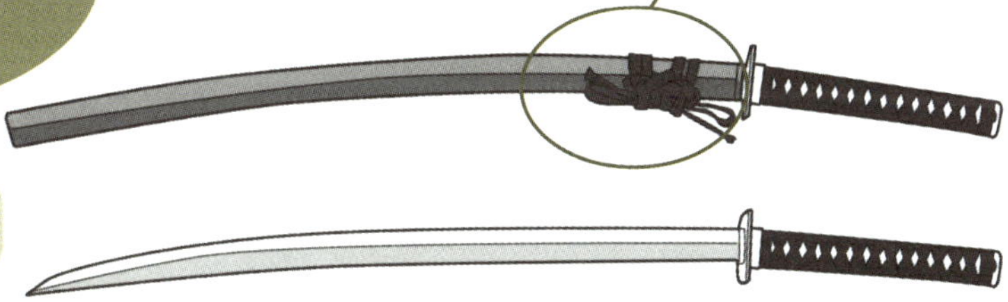

摆放时刀刃是向上的

弧度最大的部分是位于刀身偏前端的“先反”

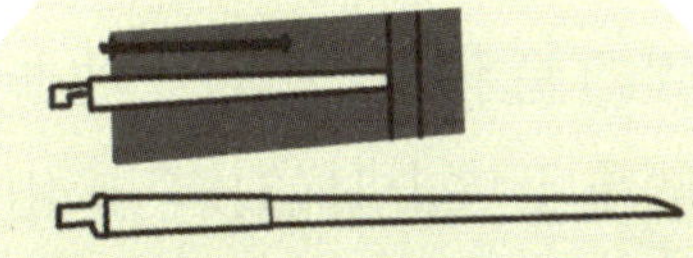

把刀鞘插在腰间的时候，笄位于刀鞘左侧

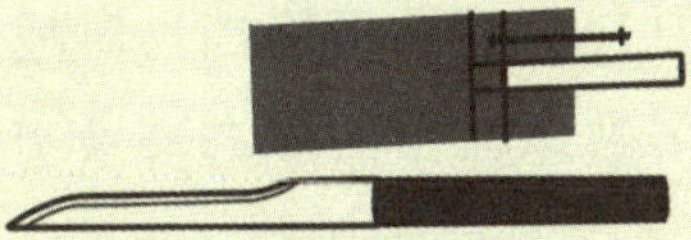

小柄位于笄的相反一侧，有的小柄并非小刀结构

打刀的携带方法

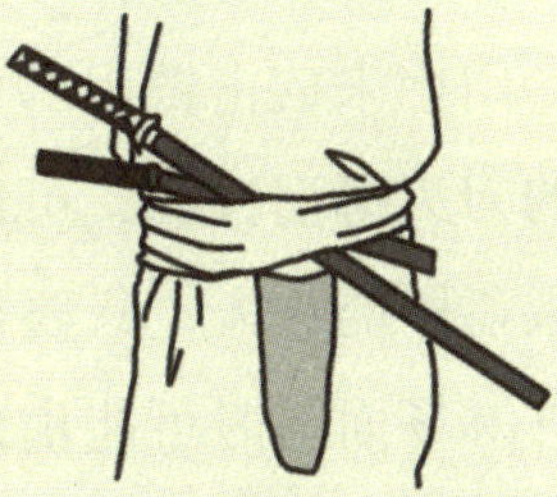

刃朝上插进腰带的方法叫做“差”；下绪通常直接缠绕在刀鞘上，或者绑在腰带

短刀	刀身长小于 30 厘米
胁差	刀身长 30~60 厘米
打刀	刀身长 60 厘米以上

No.054 波斯弯刀

十三世纪以来，阿拉伯地区最有代表性的冷兵器要数波斯弯刀了，其刀身弯如月牙，刀刃锋利。

来自中东海湾地区的"狮尾刀"

弯刀与其他刀、剑系冷兵器比起来很有特点，它的刀身弧度比其他刀、剑要大很多，刀柄弯曲的方向与刀身的弯曲方向相反，在挥舞的时候能够产生更强的力道。其中，波斯弯刀就是弯刀中的典型代表，在阿拉伯游牧地区随处可见。

波斯弯刀设计精巧，以独特的技巧和凌厉的速度见长。它的英文名为"Scimitar"，意为"狮子的尾巴"，波斯弯刀柄头弯曲的部分称作"狮头"。

波斯弯刀的重量及刀身宽度与其他刀、剑的差不多，不过，波斯弯刀并不是专门用来砍击铠甲等坚硬物体的，它更侧重于攻击时的技巧运用。波斯弯刀的刀刃薄而锋利，可以轻易地削入敌人盔甲之间的缝隙，尤其是面对没有穿戴盔甲的敌人，只要被波斯弯刀独特的大弯度刀身削砍中后，肢体分解的血淋淋场面随时可能出现。但是，波斯弯刀并不擅长于格挡，对战中波斯弯刀很容易被对手武器（尤其是力量型武器）破坏掉，造成刀身缺刃、折断的现象。因此，使用者在战斗中会尽量闪避或左手持盾牌进行格挡。

埃塞俄比亚钩剑是一种外形上与波斯弯刀很相似的近身型攻击武器。它的刃部非常锋利，整个剑身呈近似半圆的圆弧形，在攻击时就算敌人举起武器或盾牌进行格挡，它的剑尖也能绕过防御刺中敌人。与连枷能依靠铁链绕过对手的武器格挡进行攻击的方式不同，埃塞俄比亚钩剑主要是通过使用者的手腕动作来灵活控制它的攻击方向及部位。这种剑并没有剑鞘，使用者只能用布或皮革将其裹住拿在手上或者直接挂在腰间，在携带的时候并不方便。

充满异国风情的弯刀

波斯弯刀结构

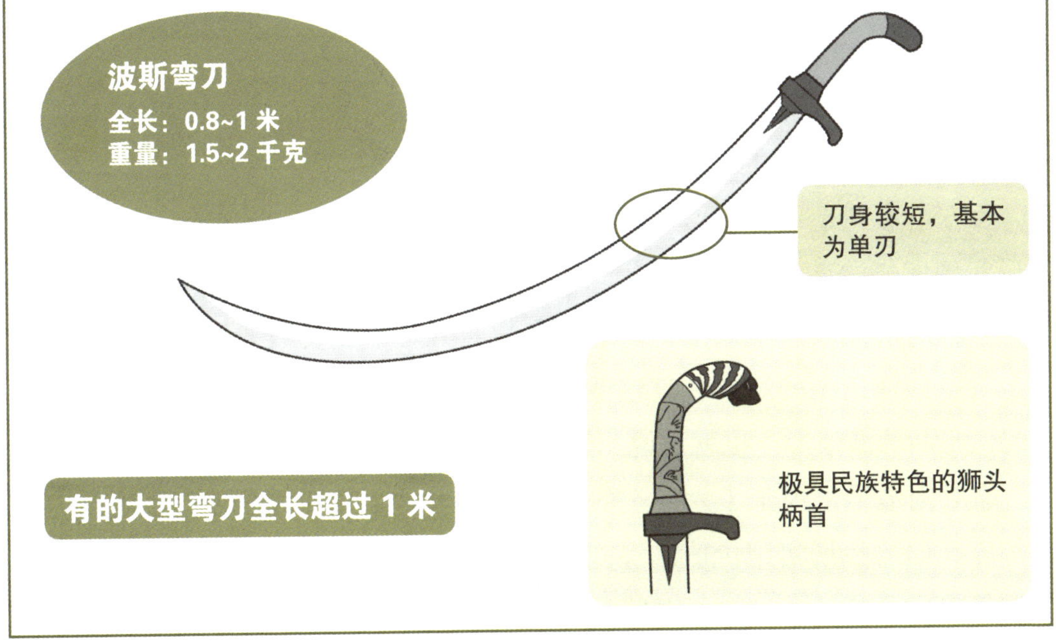

埃塞俄比亚钩剑

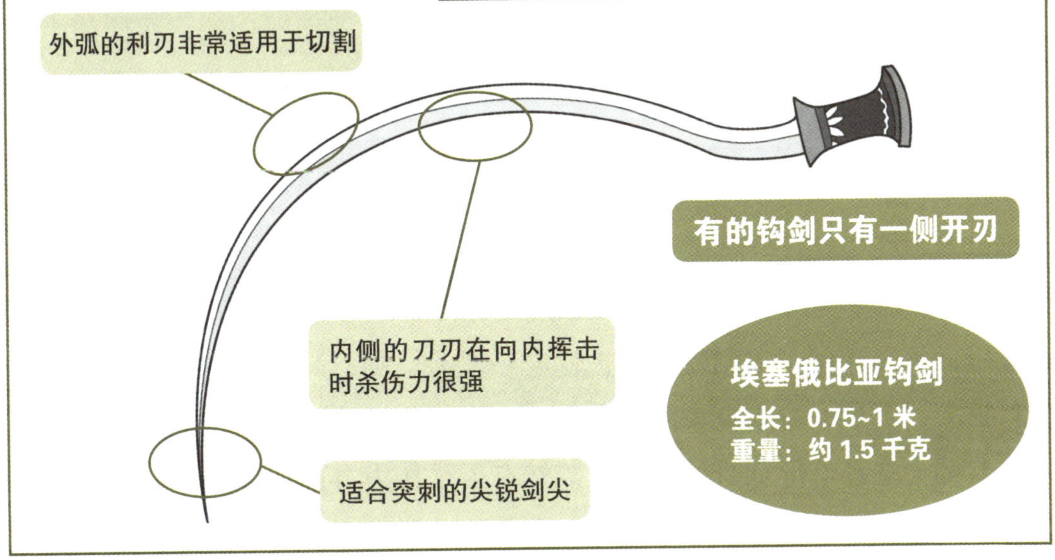

西方铠甲的发达导致了西方突刺型剑系武器的兴起，但是，随着热兵器的出现，突刺型剑系武器开始逐渐没落。当弯刀传到西方以后，对西方剑系武器的发展影响很大

No.055 西方焰形剑

焰形是哥特式建筑上常用的一种装饰形状，后来，这种形状被应用到武器的制作当中，产生了造型奇特的焰形剑。

像火焰燃烧一样的剑身

西方焰形剑是一种外形奇特的剑系冷兵器，所谓的“焰形”指的是剑身的形状像燃烧的火焰一样呈起伏状，这种武器在西方文学作品中常常被形容为“火焰般的剑身”。其中，最为出名的西方焰形剑要数双手剑型的焰形双手大剑及西洋剑型的焰形礼剑这两种了。这类剑的共同特征就是其剑刃部分呈起伏不断的波浪形，也就是说，剑身加工成波浪形的剑就叫做焰形剑。

焰形剑最早出现于十六世纪的欧洲，在当时，受到热兵器的影响，刀、剑等冷兵器的战场实用价值已经开始没落，但是，焰形剑被作为礼器使用的范围仍然十分广泛。例如，在德国流行的焰形礼剑就是以其优美的波浪形剑身在许多宗教场合中广为使用。

不过说到底，焰形剑仍然是作为一种杀人的武器而诞生的。在使用中，普通刀、剑造成的伤口一般都比较平整，伤口经过缝合或者包扎以后很快就能愈合。而焰形剑则不同，由于其波浪形剑刃参差不齐，造成的伤口砍断面几乎是稀巴烂，无论是缝合还是包扎都有很大难度，伤口要想完全愈合也就困难得多。

然而，由于剑身形状、硬度及强度的原因，焰形剑并不适用于与其他武器互斫，更多被用于突刺攻击上，比起一般刀、剑，焰形剑在回抽时还能将伤口扩大，对敌人造成更大的伤害。这也许就是为什么有那么多的突刺型剑系武器都会选择焰形剑身的原因。既然有了杀伤力方面的优势，就算是它的强度不足，只要在战斗中尽量避免和敌人的武器发生正面碰撞，焰形剑的杀伤效果还是非常可观的。

各式各样的焰形剑

西洋剑型　　双手剑型

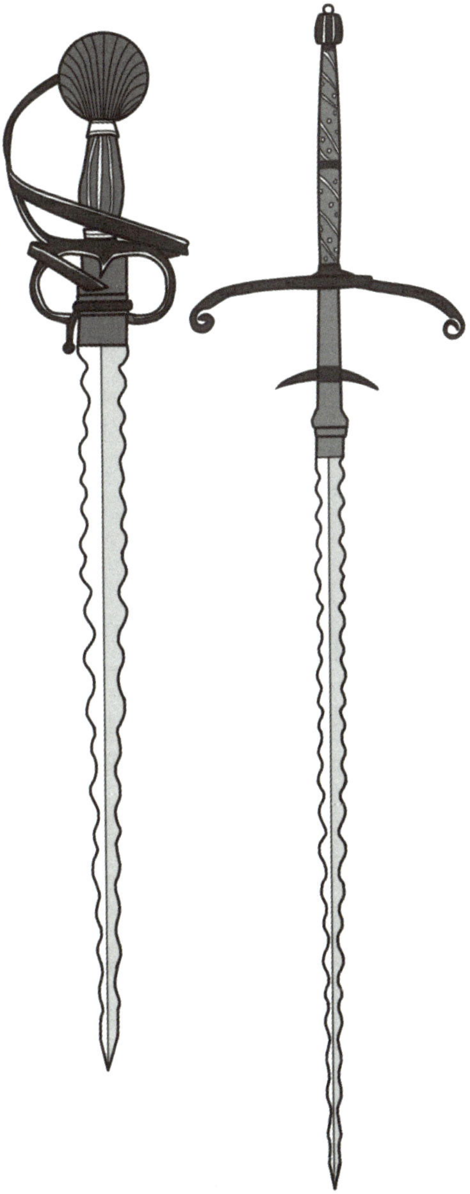

波浪形剑身

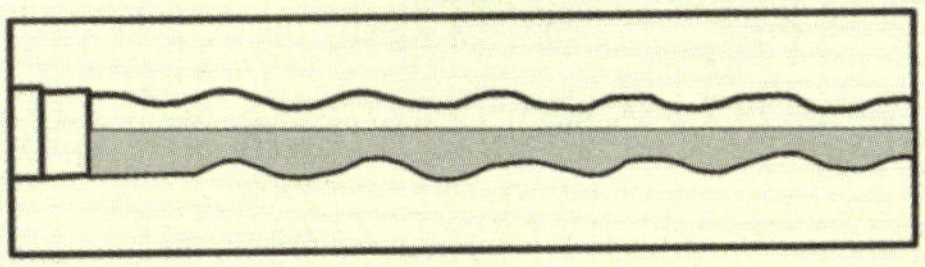

因为形状的缘故并不适合卸力和格挡

原本是为增加威力而设计

↓

热兵器出现后开始没落

↓

现代成为装饰收藏品

焰形剑不仅是性能优越的杀人武器，同时也极具收藏价值，很多的焰形剑至今仍被世界各国的博物馆收藏

No.056 匕首

匕首是最为常见的一种冷兵器，刀身形状不一，无论是单刃还是双刃匕首，都可以轻松地用来割伤或刺伤敌人。

剑的缩小版本，适用于近身搏击

匕首是人类历史上使用时间最长的冷兵器之一，在石器时代人们就已经学会用石头来磨制匕首了。从外形上来看，匕首是完全按照剑的标准缩小制成的，它可分为单刃、双刃匕首；从用途上来看，匕首还可分为突刺专用、切割专用等匕首。匕首的类型可以说是变化万千，几乎所有的剑系武器都能在匕首中找出对应的缩小版。

匕首的剑身要比日常生活中使用的小刀厚重一些，它的外形小巧，重量也很轻。虽然匕首的刃口非常锋利，能够轻易割破敌人的皮肤，但是当它面对全副铠甲的敌人时便有些无可奈何了。所以，在冷兵器时代，匕首在战斗中只能采用以突刺为主的进攻方法，在遇到紧急状况时，匕首还可以当做投射武器直接向敌人投掷。

由于匕首受到尺寸上的限制，在正面格斗中，匕首的攻击距离短、强度不足等缺陷就会被暴露出来，根本无法完成卸力、格挡等防御动作。也就是说，一旦遭遇手持其他大型武器的敌人，匕首使用者往往会处于不利的位置。然而，若是能够迫使对方与自己进行极近距离战斗的话，匕首就能充分发挥出自己的优势，最起码可以同刀、剑等武器一决高低。在近身缠斗中，匕首使用者通常会集中全力攻击对手的腕部、颈部等动脉比较集中的身体部位或者采用攻击对手要害的战斗方式，戳刺对手的侧腹、胸口等要害部位，力求致命一击。

在握持匕首时，若是追求灵活攻击，可以选择像握剑一样的正手握持法；若是更看重威力的话，则可选择反手握持法。虽然，反手握持会妨碍使用者的正常挥击，但是，反手突刺产生的威力却要大很多。不过，反手握持匕首进行战斗的攻防技巧要比正手握持难很多，因此，新手在对敌时最好不要尝试使用这种进攻方式。

近身作战的利器

匕首的基本结构

匕首
全长：约 30 厘米
重量：200~300 克

刀身相当坚实，能够用来挖洞、砍削木材等多种用途

匕首的握持方式

正手握持法

可以灵活控制攻击方向，适合进行砍击或者戳刺敌人的腹部

反手握持法

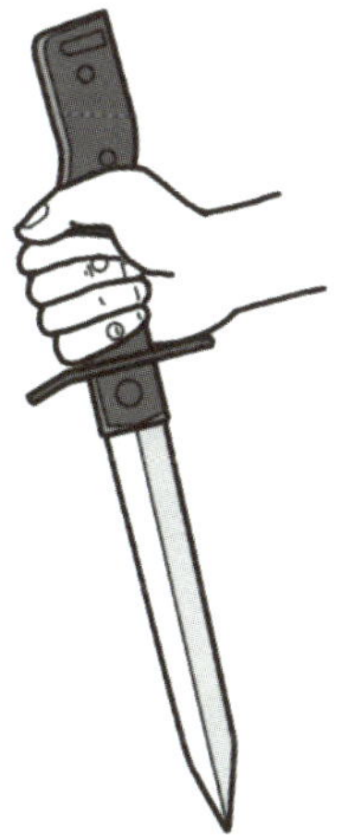

便于用力的握持方法，适合向地面的敌人进行致命一击

反手（防御）

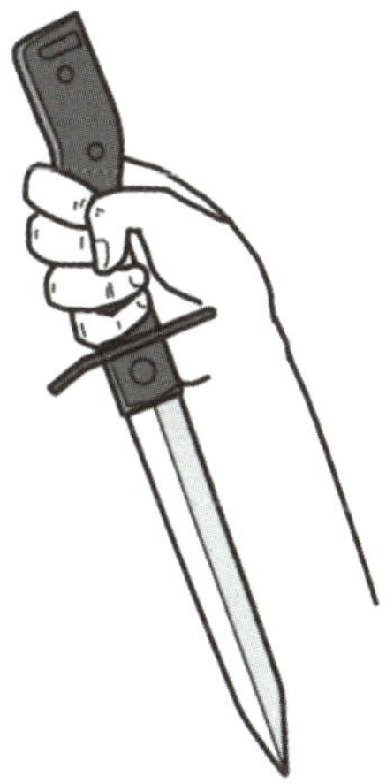

反手握持也能进行防御，由于匕首的尺寸较小，对实战技巧的要求很高

No.057 日本忍者刀

日本忍者刀要比打刀短一些，它的刀身弧度也更小，方便携带，是忍者们在执行侦察、偷袭、暗杀任务时使用的专用武器。

忍者专用刀

忍者刀是日本忍者使用的一种特种小型刀具，与打刀这类日本刀相比，忍者刀的长度更短，仅仅是比胁差长一点而已，同时，它的刀身弧度也比较小，这样能够令其在携带中更加方便。

忍者刀不像太刀、打刀等日本刀那样，专供武士在战场上使用，它更多被用在像室内这种空间比较狭小的环境中。日本的传统房屋里的梁柱、拉门等结构非常碍事，不利于刀、剑使用者的全力施展，因此，在进攻时使用者只能采用突刺为主的攻击方式，而忍者刀的刀身弧度接近平直，长度适中，非常适合于狭小空间的使用。但是，忍者刀在使用中也存在着缺点，长度短、刀身弧度小的忍者刀在攻击距离上赶不上打刀，而且，它在与其他大型武器互斫时刀身的损伤也比较大。

忍者刀有着一处比较特别的设计，那就是它的刀鞘略长于刀身，在刀鞘末端设有一个微型的袋状空间，它通常会容纳一些呈粉末状的迷药用于对目标的偷袭。当取下袋状末端时，刀鞘还能充当呼吸管供忍者在水下隐藏时使用。此外，忍者刀的刀鞘相当坚固，战斗时可以用来进行格挡防御。由此可见，忍者刀的设计理念就是为了在顺利完成任务的同时还要给忍者提供一定的生命保障，其功能多样化的特性非常强。据说，有一些技艺高超的忍者单凭一把忍者刀就能完成许多的事情，无论是翻越高墙、探知敌我距离，还是刺杀对方的重要人物，皆可轻易完成 。

在执行秘密任务时，忍者通常会选用“杖剑”及“烟管剑”等这类伪装型武器。它们都有一个共同的特点，就是武器被伪装成日常生活中常见的物品，以免引人注目。伪装后的武器以短刀、短锥为主，由于这类型武器并不适合用于砍击，一般都是供忍者在执行偷袭、刺杀的任务中使用。

忍者使用的特殊刀剑

忍者刀和刀鞘

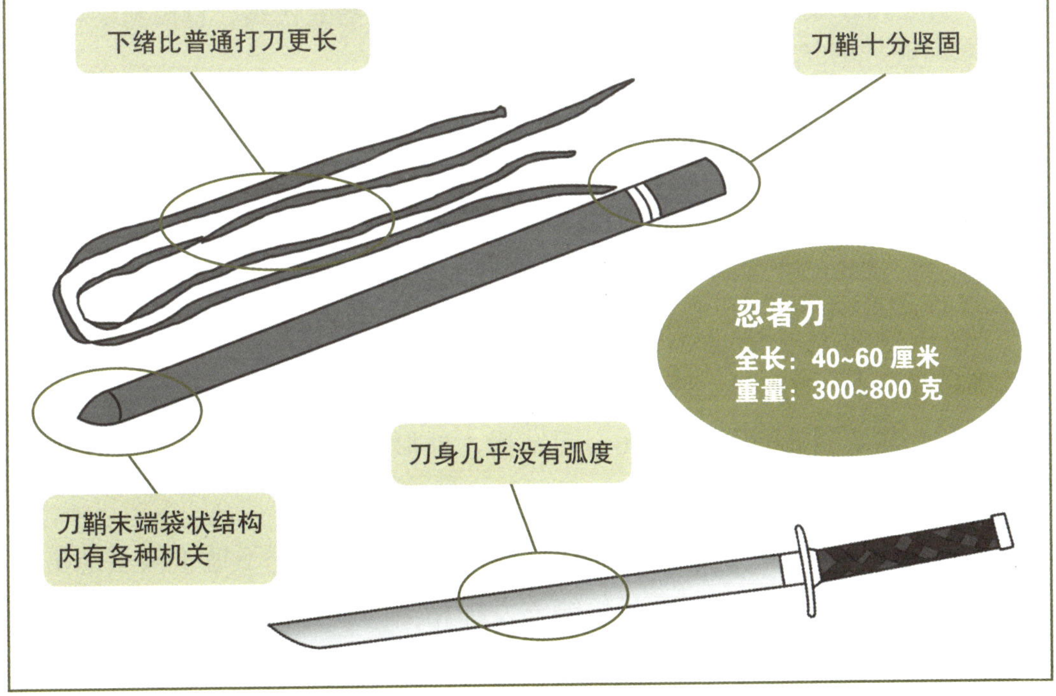

杖剑

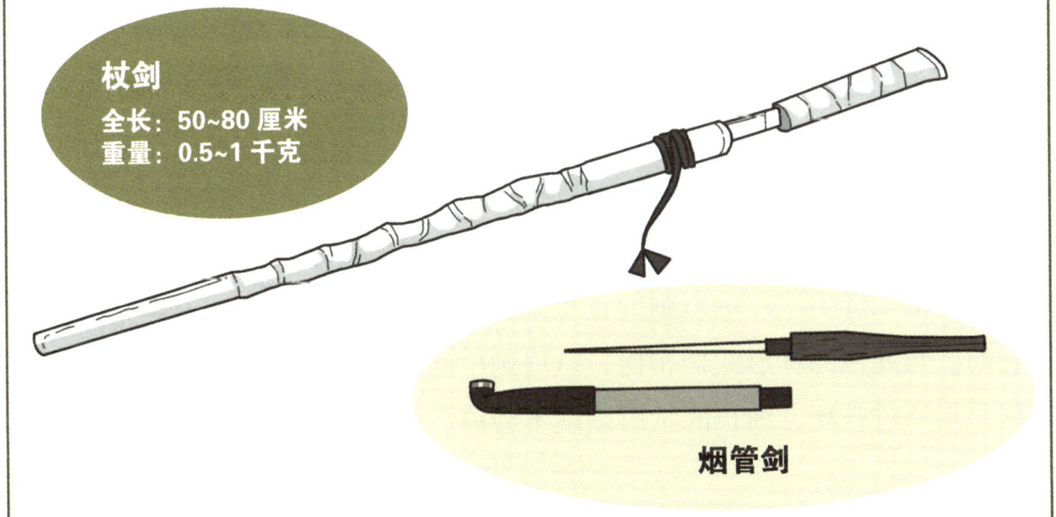

这类武器通常是将刀、剑等伪装成日常生活中常见的物品，以免引人注目。一般都是用于偷袭、刺杀的专用工具

No.058 针形武器的代表：中国峨眉刺

针也可以成为武器，中国峨眉刺就是针形武器的代表，它锋利尖锐，近距离的突刺令人防不胜防。

微型的近身必杀武器

许多武器诸如剑、枪等大型冷兵器都具有突刺的功能，但是，它们的外形较大，携带时有诸多的不便。针型冷兵器就是一种专门用于突刺攻击的微型武器，在贴身肉搏时，其细长尖锐的刺尖可以轻易地刺入对手的身体，这类武器的杀伤目标并非破坏对手的骨骼和肌肉，而是直接刺入对手的内脏造成致命的伤害。针形武器采用无刀刃结构，外形小巧，比起其他开刃的武器更适合贴身藏匿。

然而，针形武器由于外形尺寸及材料强度的限制，并不适于被动地格挡防御，除了在戳刺敌方要害的时候能够发挥相当的威力，几乎是别无他用。因此要使用针形武器有着相当大的难度，不经过长期专门练习根本无法驾驭。

这类武器在正面格斗中并不占优势，而在暗杀方面则具有先天的优势，便于携带，能够在趁敌不备之时发起攻击。像古装影片中的一些杀手往往是趁着黑夜，手持这类小巧武器进行暗杀、偷袭。

针形武器中最具代表性的针形武器要算中国传统的峨眉刺了，峨眉刺长约一尺（约30厘米），具体的长度视使用者个人身材及使用习惯而略有不同，根据外形的不同，通常分为三棱峨眉刺、六棱梅花刺等。峨眉刺的两端尖细，中间粗，形如针尖。在峨眉刺的正中位置还装有铁环，可以套在手指上灵活地转动。与其他的针形武器相比，峨眉刺中间的铁环结构更加便于使用，只要将手指穿过铁环，细长的峨眉刺就不会前后滑动。

适合暗杀的针形武器

峨眉刺

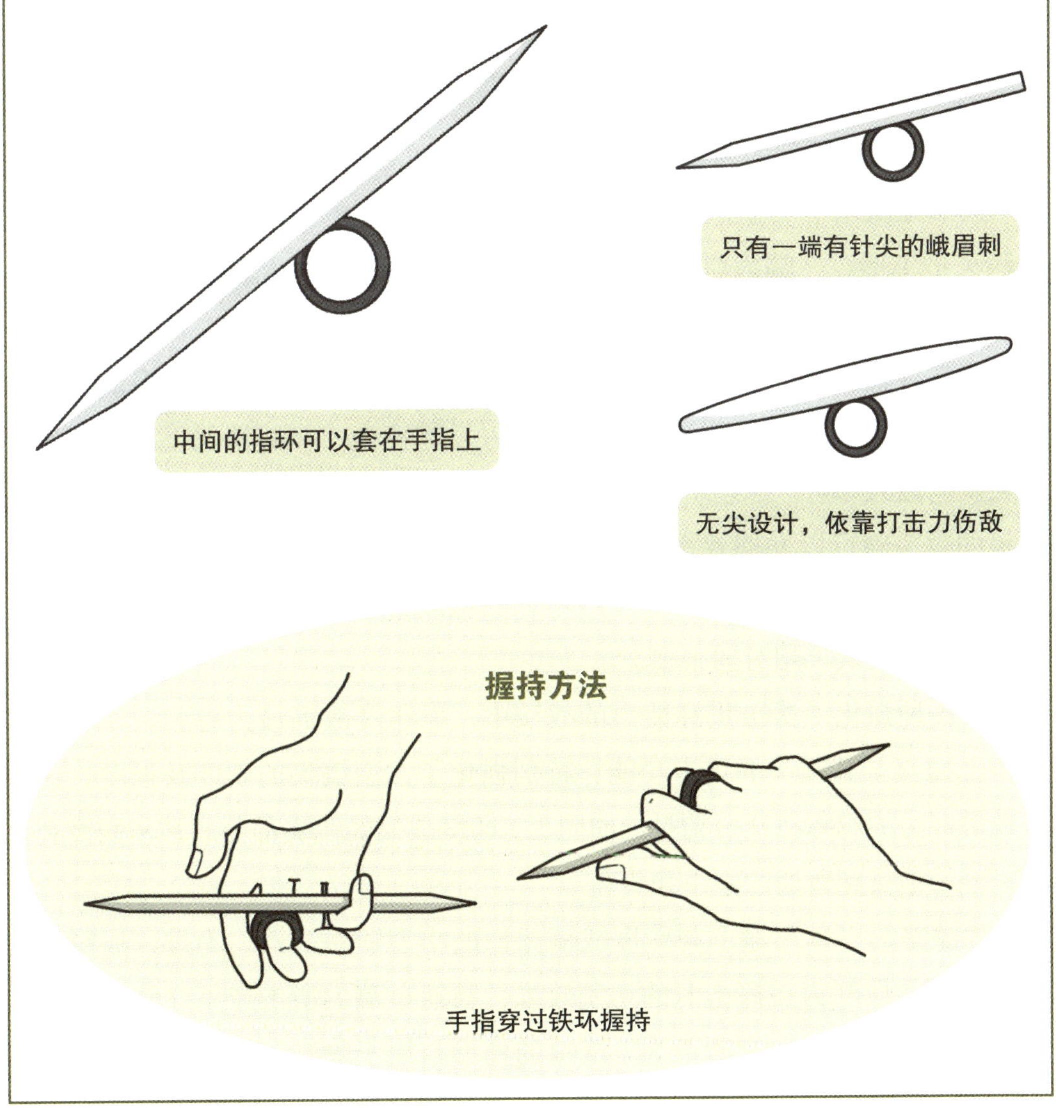

改造成武器的发簪

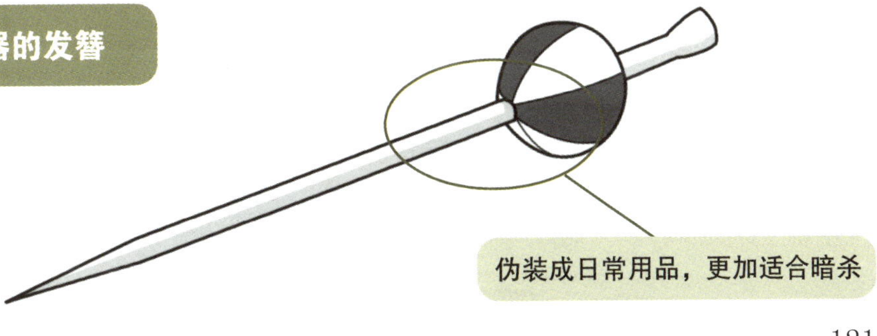

No.059 印度战镐

战镐是一种产生于古代印度的冷兵器，外形与现代登山镐相似，主要是供骑兵用来凿穿敌人的盔甲。

战场上有效的破甲利器

战镐是从用于劈砍木柴的民用镐发展而来，在外形上与战锤很相似，它的镐头呈T形，一端为厚重的锤头，另一端则为细长锐利的镐尖。战镐在使用方式上与战锤有着明显的差异，强调打击力的战锤在攻击时多是先将战锤高高举起，然后用力向下砸向敌人，而战镐则不同，在攻击时更多的是利用镐尖的贯穿力，通过手腕灵活转动向敌人发起挥击，一般情况下，直接使用镐尖刺向敌人即可。要是碰上身着重铠甲的敌人，镐尖无法将敌人铠甲凿穿时，战镐的锤头就可以发挥效用了，通过锤头的直接钝击能够有效地杀伤对方。然而，由于战镐在尺寸及重量上均不如战锤或钉头锤等其他锤系武器，因此它的钝击杀伤效果相对弱很多。

在各种强化了凿击贯穿能力的战镐中，以印度战镐最为有名。印度战镐基本上抛弃了其锤头的钝击功能，特别强化了大型镐尖的硬度及强度，这与重视贯穿力的鸦啄战锤可谓是异曲同工，印度战镐的镐尖部分非常坚固锋利，可以轻易地贯穿普通的铠甲和头盔。

战镰是另一种用途上与印度战镐相似的小型锤系武器。不过，战镰更注重的是其前段利刃在挥击时的切割效果，与通过镐尖凿击产生穿刺效果的印度战镐在攻击手法上有所不同。战镰的外形与用于收割谷物的农用镰刀很相似，它的镰刀部分多为内侧开刃，战斗时可以利用刀身内侧的利刃来进行钩绊、切割。在需要时，还可通过利刃的尖端进行戳刺攻击。

大部分战镐都是单持的，非常适合骑马时使用，但是，也不乏供步兵使用的大型战镐。由于轻巧的战镐在攻击中能够同时兼顾打击与突刺这两种攻击方式，因此颇受士兵们的欢迎。

加强了贯穿力的战镐

战镐

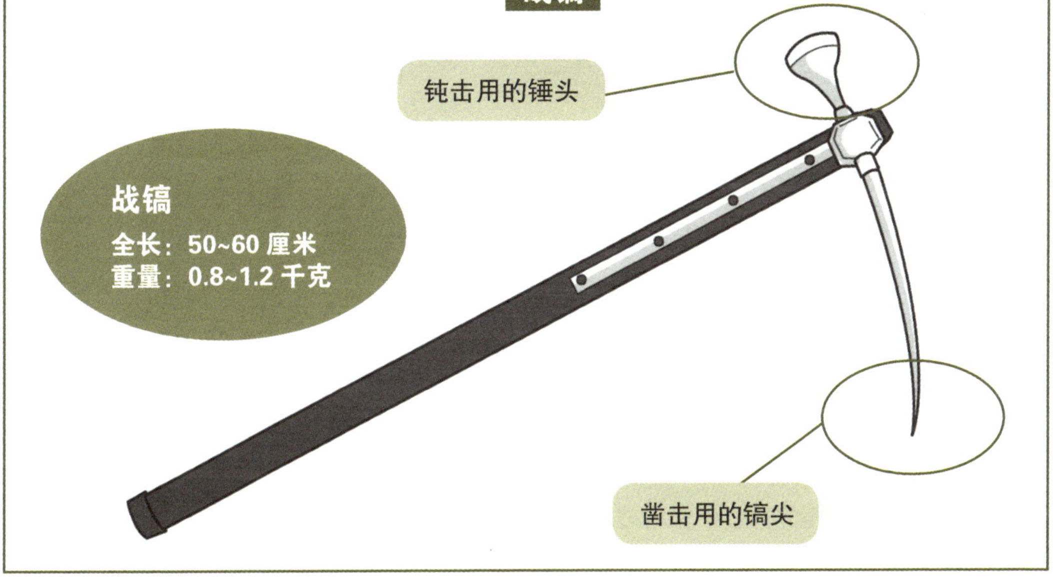

印度战镐

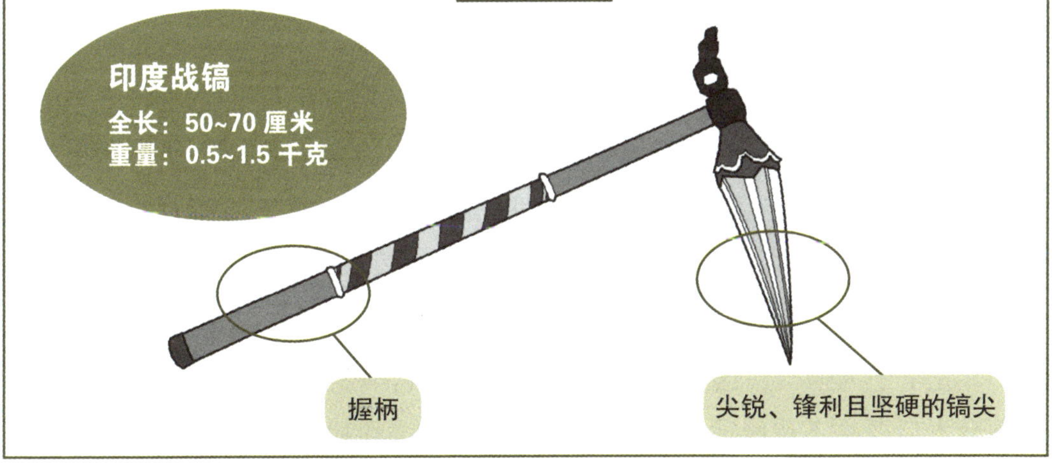

战镰

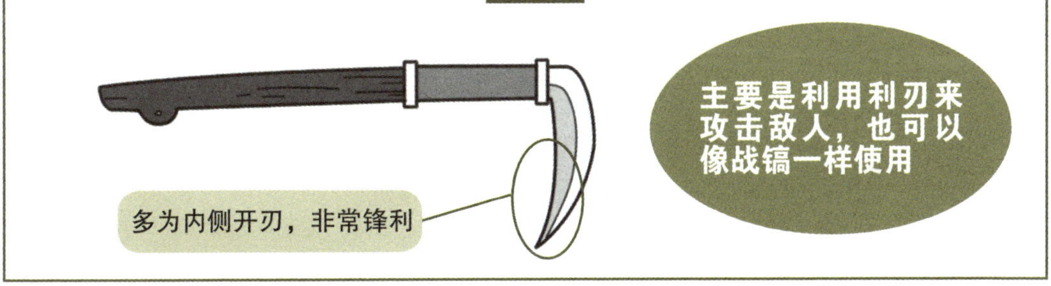

No.060 西式标枪

一种可以从远距离投掷，自由降落后将目标杀伤的枪系冷兵器。为了方便抛掷，它的枪身较轻，枪头尖锐，命中后能够有效地杀伤目标。

从空中来袭，令人防不胜防

一提到标枪，我们首先联想到的就是现代奥利匹克运动中的一个比赛项目，然而在古代，它并不是一个简单的竞技比赛用具，它更是一种用于战斗、狩猎的极具杀伤力的远距离投射武器。西式标枪的结构比较简单，枪柄一般为木制，枪柄的前端装有一个锋利的金属枪头。

西式标枪的外形虽然与普通的长枪很相似，但是，它们的用途有着很大的区别。西式标枪的枪身和枪头都是特别设计的，便于标枪被投射出去后在空中可以保持平稳的飞行，并最终命中目标。从本质上来说，标枪更像是一支大型的“箭”。

西式标枪的枪柄通常会选用轻盈的木质材料制成，在枪柄的后端，系有一小段绳索，会令标枪在飞行中产生旋转，起到增加射程及提高命中率的作用。而且，它的金属枪头经过特殊的回火处理，在刺中目标后就无法重复使用。采用这样的设计，一方面是因为西式标枪本身就属于消耗性武器，无需制作得太过精致；另一方面是避免敌人将标枪再投掷回来。正是这样的原因，西式标枪虽然适于远距离投掷，却忌用在近身战斗中。

“先下手为强”，这句话对于西式标枪这种消耗性武器来讲绝对适用。在发现敌人后要毫不犹豫地将标枪投掷出去。另外，在战斗中绝对不能担心浪费，只要敌人无法靠近，自己就有机会杀伤更多的敌人，只有这样，自己才是最安全的。否则，等到敌人冲到自己面前时，就只能乖乖束手就擒，任人宰割了。

西式标枪在使用上非常简单，只要在看到敌人后，朝着敌人用力将标枪投掷出去即可，为了提高标枪的杀伤力，还可选择专用的投矛器来投掷。然而，要想取得一定的战果，还必须经过长期的严格训练。

如何正确地投掷西式标枪

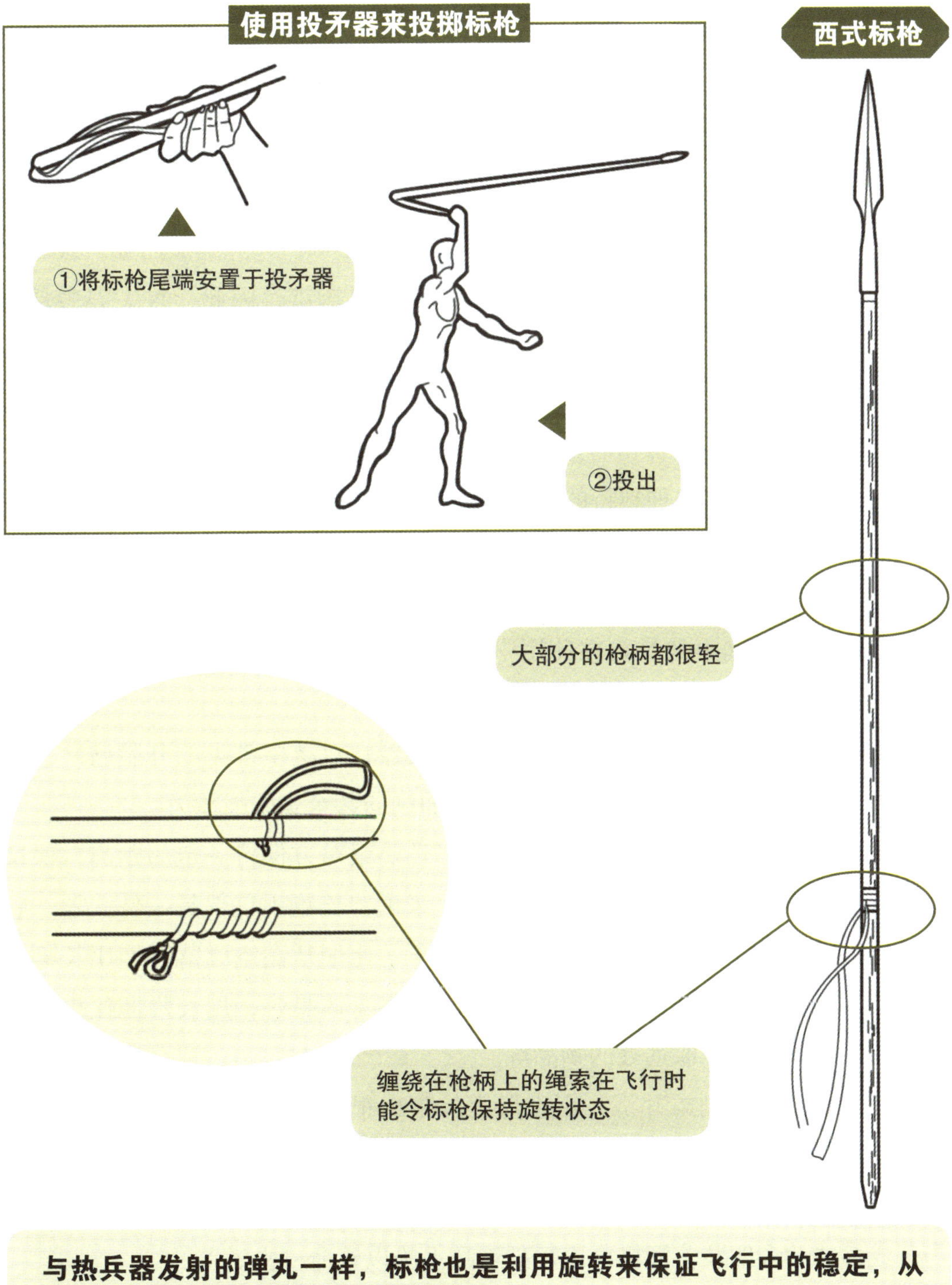

与热兵器发射的弹丸一样，标枪也是利用旋转来保证飞行中的稳定，从而达到增加射程及提高命中率的效果

No.061 灵动的长鞭

一个短小的握柄加上 1~3 米长的特制绳索，就构成了战斗使用的长鞭，作为软兵器的代表，长鞭在挥动时异常灵活，不仅能够牵制敌人，还能利用抽打来予以反击。

以巧制胜，牵制中予以反击

鞭子原本是用来驱赶牲口的一种工具，多为皮革、绳等编织而成，有经验的用鞭者抽鞭势如闪电，一旦被抽中往往就皮开肉绽，因此，牧人们多是通过挥舞长鞭吓唬动物而已。但是，当鞭子作为刑具使用时就不会考虑这么多了，在古代用鞭刑拷打俘虏或处罚罪犯是很平常的事，甚至当今世界的一些伊斯兰国家和地区对罪犯还保留着这一古老的处罚方式。

在历史上，长鞭这种独特的软兵器也曾作为一种武器登上过战场。当长鞭作为武器使用时，为了加强杀伤力，它的鞭头通常还会缀有镖头、小锤、小利刃之类的微型重物，这种刚柔组合令长鞭在抽打中可击、可笞、可缚、可钩，但是，鞭头带有利刃的长鞭在使用中难度更大，稍有不慎，就有可能伤到自己或同伴。

长鞭并不能像其他武器一样会造成冷兵器在对抗中常见的开膛破肚、肢体横飞的血腥场面，更多是令敌人因疼痛而削弱甚至丧失战斗力。

无论是要抽打或缠住对手，用鞭者都必要跟对方保持一定的距离，保证长鞭能够完全挥舞开来。对于使鞭的高手来说，长鞭不仅仅是一件武器，它还能像自己双手一样灵活，可以做很多的事，比如从高空跳落时能用长鞭将周围的树枝、岩石等突出物缠绕住，及时地将身体悬停，用长鞭捆住想要逃跑的对手或用长鞭拿取远处的物品等。

“以柔克刚，刚柔并济”用来形容长鞭也很贴切，在战场上，熟练用鞭者能够将使用刀、剑这一类型武器的对手轻易击败。用鞭者通常会选择“右手持长鞭、左手持短剑”的双持战法，利用长鞭来牵制敌人，将敌人的武器击落或缠缚敌人四肢，伺机再用短剑给敌人施以致命一击。

以疼痛来令人屈服的长鞭

长鞭

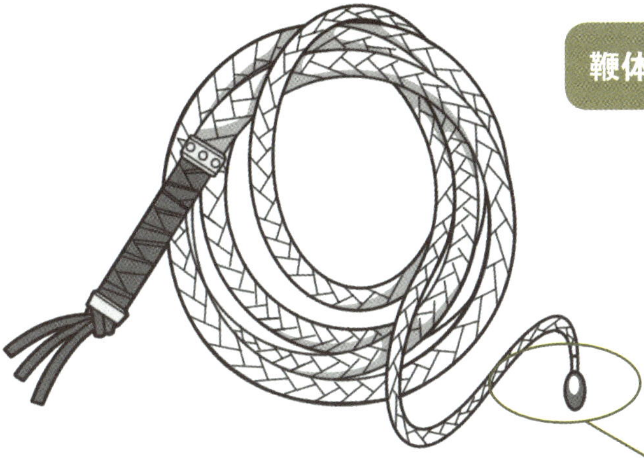

刃鞭

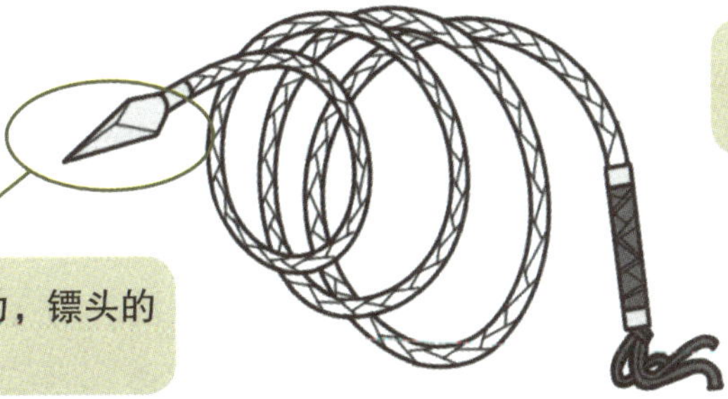

用鞭高手

用鞭高手能把长鞭使得如臂使指，例如能击飞或者取回远处的物品，这样的场面在电影里常常可以看到

No.062 忍者锁镰

锁镰是日本的一种将铁链和镰刀组合而成的独门冷兵器，它制作精良，攻防兼备。不过，要想熟练掌握它的使用技巧，难度很大。

锁链与镰刀的组合

锁镰，顾名思义就是由铁锁和镰刀连接制成的武器，铁链的一头连接镰刀，另一头缀有铁锤之类的重物。与农用镰刀相比，锁镰镰刀的制作非常精良，它采用与日本打刀相同的材料打制而成；另外，锁镰的握柄也很坚硬，能够防止在格挡中被敌人砍断。锁镰是古代日本战国时期特有的一种冷兵器，由于常常被忍者使用，故称为“忍者锁镰”。

忍者锁镰一般分为两种，其中的一种是在镰刀握柄的尾端连接铁链，它的铁链一般比较长，我们在影视作品或小说当中能够常常见到它。这种长链锁镰的铁链通常有 2~3 米长，在实战中会先将它像长鞭一样地挥舞开来，然后从远距离攻击对手。它还可以先用铁链将敌人缠住后逐渐逼近，最后用镰刀对敌人施以致命一击。不难看出，这种锁镰在使用时需要用双手进行配合操作，使用起来不太灵活，难度非常大。因此，实际使用者并不多。

另一种忍者锁镰是直接将铁链连接到镰刀的背部，在进攻时常常会先利用铁链来缠住敌人的武器，然后用镰刀发起贴身进攻。这种锁镰的铁链只有 1 米左右，可以只凭单手就能将其性能充分发挥，相对而言，它在使用难度上要比前一种长链锁镰小一些。除了能够缠缚住敌人或武器，镰刀和缀有的铁锤也能在近距离直接攻击敌人。

忍者锁镰在攻击距离上和长柄武器不相上下，携带起来也比长柄武器更加方便。虽然与很多的长柄武器相比，锁镰的威力并不算大，但是像忍者锁镰这种远近兼顾的武器并不多见。但是，由于它存在着使用难度较大的问题，忍者锁镰并没有成为古代日本的主流冷兵器。

铁链纠缠、镰刀斩断

锁镰

铁链连接镰刀握柄的锁镰

这种锁镰是日本忍者经常使用的一种武器，它需要双手并用才能操控，适用的场合不多

铁链连接镰刀背部的锁镰

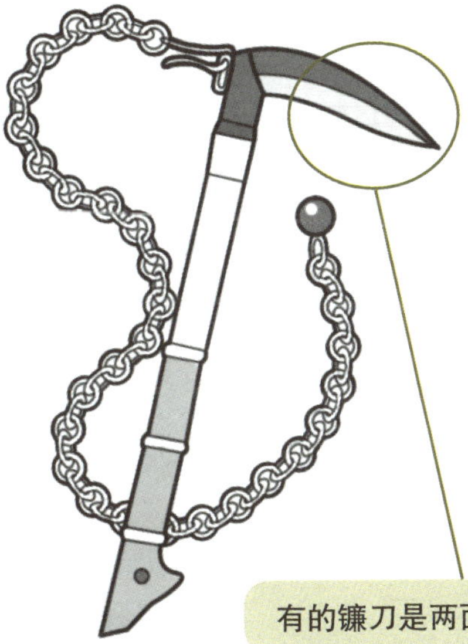

有的镰刀是两面开刃

铁链的长度较短，便于铁锤将敌人的武器缠缚出

No.063 飞刀、飞镖

飞刀和飞镖是用来远距离攻击或者偷袭敌人的投射武器，在投掷时需要掌握一定的技巧，必须要经过专门的训练方能准确地命中目标。

威力不容小觑的微型杀手

在我们日常生活中常用的生活类小型刀具，虽然被当做武器使用时显得很单薄，但是在危急关头，将这样的小刀投掷出去却也能起到一定的杀伤效果。不过，由于这些普通小刀的重心各有不同，要想准确地命中目标，运气往往是决定因素。

考虑到这一点，一种专门用来投掷杀敌的微小型投射武器——“飞刀”也就应运而生了。与普通的小刀不同，整把飞刀的重心经过精心调校，它的刀身更薄、更锋利。同时，它的外形非常小巧，便于大量随身携带，在需要时一个人就可以携带数把到数十把之多。不仅如此，飞刀的制作成本也很低，非常适合作为一种消耗性武器使用。

飞刀的小巧外形决定了其杀伤力非常有限，通常命中目标后造成的伤口并不足以致命，除非是准确地插入喉部、眼睛等要害部位。为了增加杀伤力，使用者经常还会在飞刀的刀刃上涂抹毒药来达到一击必杀的效果。

与飞刀类似的还有飞镖这种微型投射武器，西方飞镖的外形多为微型箭矢或微型标枪的造型。由于西方飞镖重量很轻，它的射程较短，为了能够提升飞行距离及命中率，在它的尾部一般会绑上类似于箭羽这样的小配件。中国传统的飞镖与上述的西方飞镖在外形上区别很大，它们多为全金属制成，常见的有柳叶镖、穗子镖以及流星镖等。

在一些影视作品或者小说当中，那些本身威力并不强大的飞刀、飞镖到了善于使用飞刀或飞镖的“暗器大师”手中，立刻变成了一件恐怖的杀人利器，可以说是“招招毙命、百发百中”，威力堪比热兵器。

飞刀和飞镖

飞刀

重心经过重新调整的小刀，能够保证飞行时刀尖向前，需要专门训练才能射准

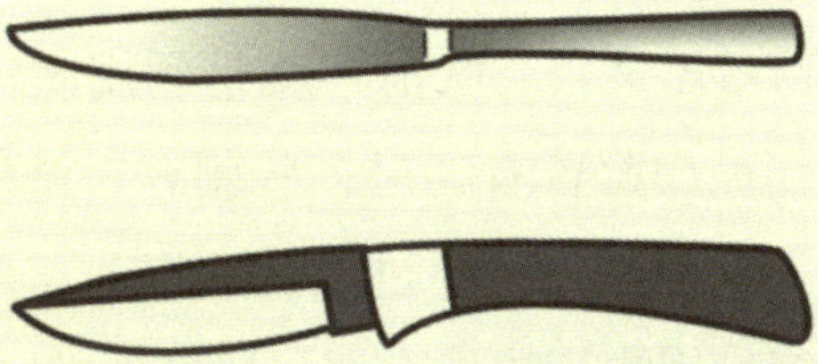

普通的餐刀或者小刀若是投掷出去，能否命中全靠运气

飞镖

外形相当于小型标枪的飞镖，飞行距离并不远，但是精度比较高

流星镖

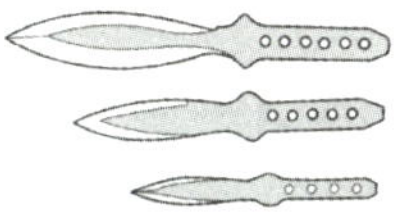

柳叶镖

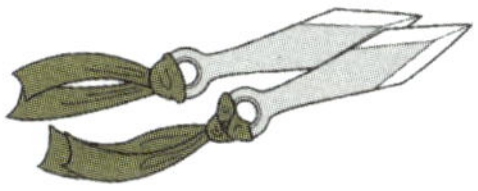

穗子镖

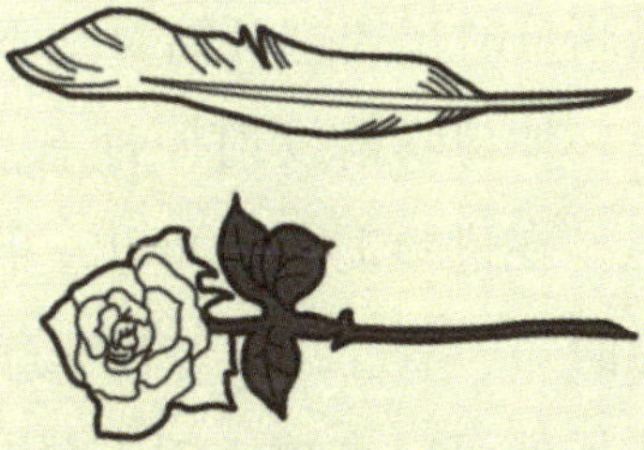

在某些影视作品中，高手就算是使用这些物品也能当做飞镖

No.064 无声暗器：现代吹箭

吹箭是利用细小的长筒来发射小型箭矢或飞针的武器，虽然它的射程短、杀伤力有限，但是，如果将箭头或针头上喂毒，就会给目标带来致命威胁。

靠吹气来发射

吹箭是一种历史悠久的暗杀武器，最早是亚马逊河流域及中南美洲的热带雨林地区中的土著使用的狩猎工具，后来逐渐流传到世界的其他地方。

顾名思义，“吹箭”就是利用吹气将微型箭矢、飞针发射出去，我们在影视作品中都曾看到过一些刺客、杀手使用吹箭来偷袭别人，他们所用的吹箭看上去很小巧，不过十几厘米，而事实上，考虑到射击的精准度和射程，多数狩猎用吹箭的长度都会超过 1 米。

现代吹箭使用的“弹药”一般为微型箭矢或者飞针，利用人呼气时的气压将箭矢或飞针射出，射程能达到 9~18 米。另外，由于箭矢很小，就算命中目标也很难给目标予以重创，因此，吹箭高手经常都是瞄准敌人的眼睛等要害位置进行发射。

发射吹箭的时候几乎不会发出声响，所以吹箭往往是当做暗杀武器来使用的，而且，必定会在箭头上喂毒，以求达到一击必杀的效果。由于箭矢或飞针在有效射程内的飞行速度很快，再加上箭矢、飞针的外形非常细小，在遭到吹箭暗算时想要避开简直是不可能的。

还有一种与吹箭发射原理有点相似的武器叫做“含针”，它是将细针先含在嘴里，在进攻时将其吐出。由于没有使用专用的吹筒，含针的射程和命中率可想而知。不过，在出其不意的近距离偷袭时，它的杀伤效果却非常好，这种方法虽然可以在攻击时有效地牵制住对方，但是，它的使用难度要比吹箭高很多，一不小心使用者就可能把针吞进肚子里。

射程和命中皆不稳定

现代吹箭

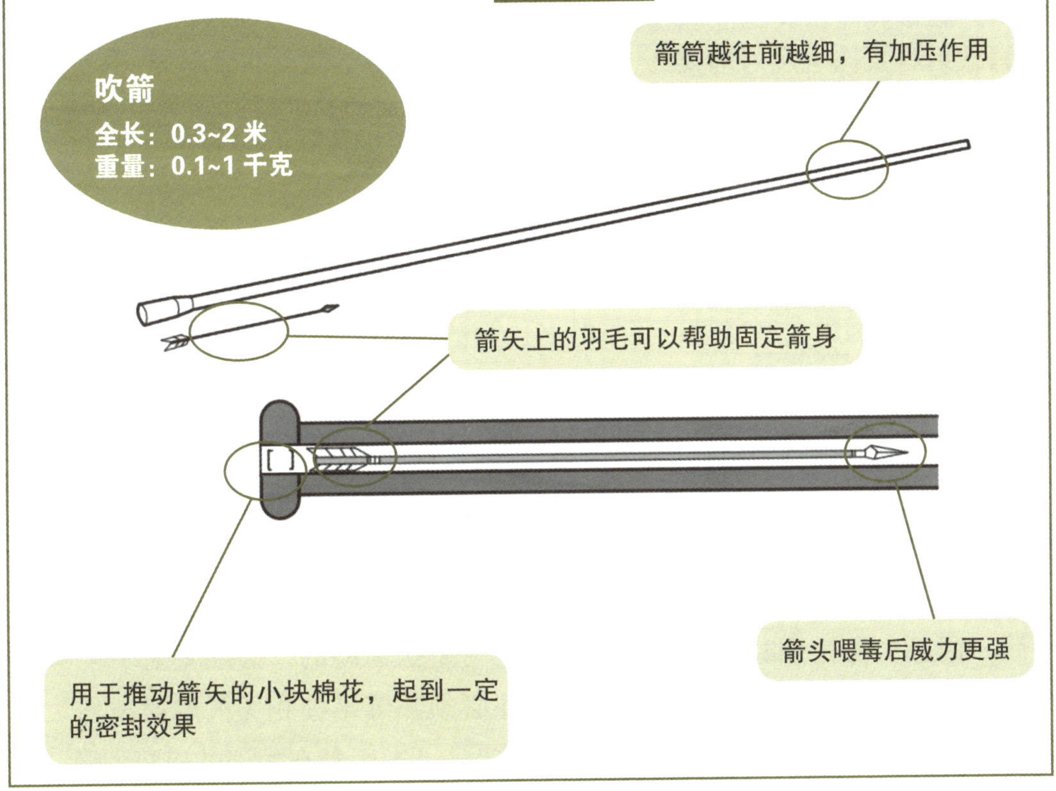

发射吹箭的姿势

No.065 英格兰长弓

正如其名，英格兰长弓的长度较长、弓弦较长、张力也很强，它的有效射程要比十字弓的要远，英格兰长弓的远程杀伤力非常强悍。

远距离的大威力抛射武器

英格兰长弓最初出现在英格兰西南部的威尔士地区，后逐渐流行开来。它来源于古代狩猎用的小型弓箭——短弓，英格兰长弓是对其进行强化以后演变出来的战场用大型弓箭。正如其名，它的长度较长，有效射程也更远。

在弓箭大量普及以前，标枪是古代西方军队的制式投射武器，虽然其杀伤力很大，但是由于外形尺寸的问题，士兵能够携带的标枪数量有限，在战斗中想要及时补给也比较困难。反观弓箭，它的箭矢重量较轻，外形小巧，便于大量携带，而且它的威力也很强大，在战场上实用性要比标枪强很多。

英格兰长弓的弓身长度一般为 1.5~1.8 米，射手需要很大的力量才能拉动弓弦，而且，在拉弓时，仅靠着射手的腕力是拉不动的，必须要射手全身力量的配合才能将弓弦拉满。另外，射手还必须熟练掌握相关的发射技巧。体格健硕的威尔士人和英格兰人在使用英格兰长弓方面具有先天的优势。

在英法百年战争中，曾经进行过一场著名的阿金库尔战役，在这次战役中，英国国王亨利五世率领 5900 名士兵（长弓手 5000 人，徒步骑士 900 人）遭遇了多达 36000 人（7000 名弓弩手，其余多为骑士）的法国士兵，最终的战果令人震惊，英军以伤亡不到 200 人、发射四五十万支箭的代价，歼灭了大约 15000 人的法国士兵，法军的死伤人数接近一半。在本次战役中，法军弓弩手所使用的十字弓还没够着对方就已经遭到英军长弓手毁灭性打击。其后，欧洲各国开始纷纷效仿英国，大量装备英格兰长弓，十字弓被正式淘汰了。

另外，东方也曾出现过一种比较有名的大型弓箭，那就是日本的和弓，它是一种长度超过 2 米的强力弓。

中世纪欧洲的英格兰长弓

长弓

长弓

全长：1.5~1.8 米

重量：600~800 克

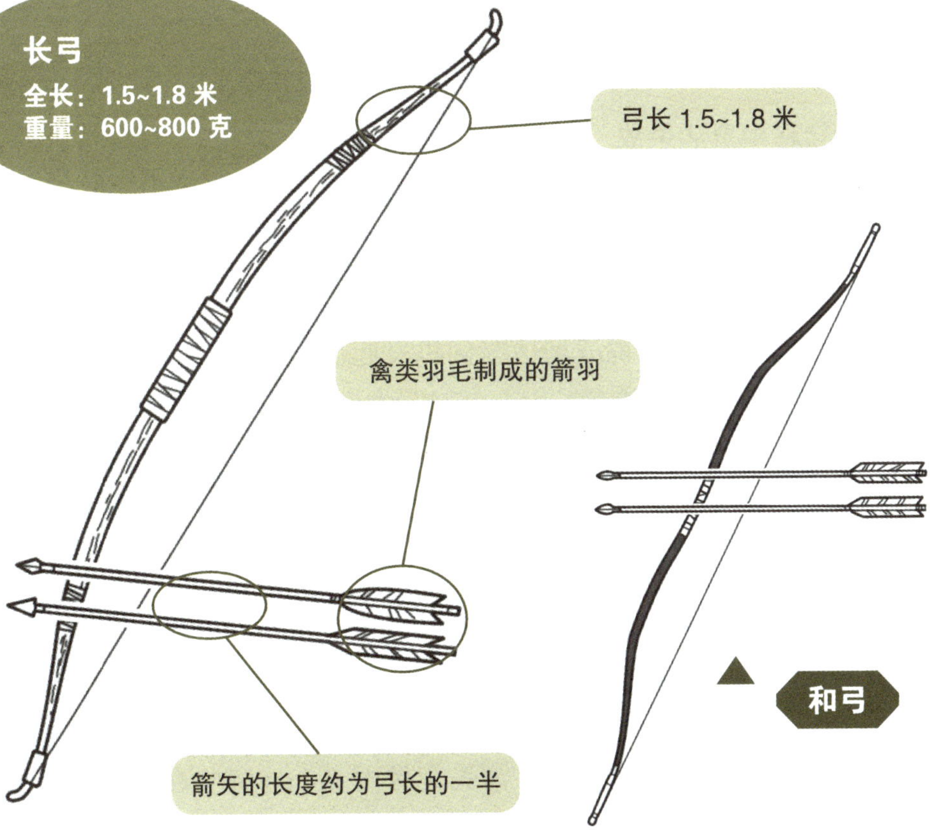

箭矢与箭筒

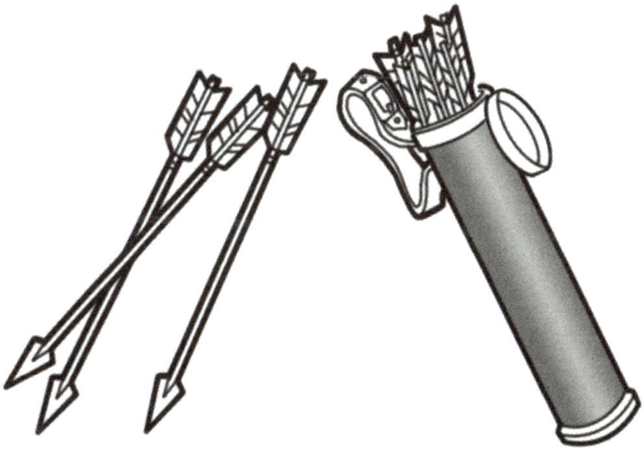

为了能够更多地携带箭矢，弓兵会在腰间或背上携带专门储存箭矢用的箭筒。箭矢一般是用无花果树或榆木、红豆杉制成，其中，红豆杉制成的箭矢最佳

No.066 战斗中弓兵应注意什么

弓兵能够在敌人近身之前就杀伤对方，因此，合理利用距离的优势就构成为弓兵最重要的攻击战术。

机动转移中灵活杀敌

英格兰长弓固然威力很强大，但是要想完全发挥出它的优势，就必须依靠战术运用上的配合。中世纪英国人行军作战时惯用“以守为攻”或“防守反击”的战术，他们会先用长矛加障碍构成坚固的防御阵地，然后用弓箭大量地射杀进攻中的敌人，最后视战场情况伺机发起反击。阿金库尔战役的胜利充分说明了英军在步兵阵地战术运用上已经非常娴熟。

在战场上，当敌人还在数百米之外时，弓兵可以采用先发制人的战术，首先对远距离的敌人发起第一轮有效进攻，提前削弱敌人的战斗力。尤其在冷兵器时代，在实力相当的情况下，交战双方中谁的骑兵战术运用得当，谁就是赢家，因此，战斗双方都会利用弓兵在骑兵突击前将敌方实力最大限度地削弱。

古代军队列阵时，弓兵会排成密集的队形，从远距离仰角向上集中放箭，大量的箭矢会形成密集的箭幕，箭矢会像雨点一样降临在敌人方阵的上方，将敌方步兵方阵予以重挫甚至引起敌人方阵的混乱，为己方骑兵突袭创造良好机会。这种战术与热兵器时代的炮兵战术几乎一致，甚至就连致命弱点也是一样的，那就是“不能近身肉搏”。当敌方的步、骑兵冲到面前时，单靠弓兵根本就无法与之对抗。因此，无论是列阵还是单兵作战，弓兵都必须把握好放箭的时机，并在敌人靠近自己之前就迅速转移到安全位置，寻找合适的机会再次对敌人进行远距离射击。另外，只要己方能构建起稳固的防御阵型，弓兵便能找到更好的发射位置，持续地对敌人发起远距离攻击。

在1415年的阿金库尔战役中，英军构筑出坚固的防御工事，有效地阻止了法军骑士的迅速靠近，同时，英军的骑士还会在法军冲进弓兵阵营之前就将其拦截下来。正因为此，法军连续发动了十几次冲锋都无济于事，最后大败而归，反而还成全了英国弓兵的威名。

弓兵的标准射击动作

No.067 打斗中怎样打落对手的武器

武器在战斗中的作用不言而喻，如果在战斗中能够抢先打落对手的武器，自己也就立于不败之地了。

就是要令对方手无寸铁，缴械投降

在双方都使用冷兵器近身格斗时，如果谁能抢先将对手的武器打落，那他就基本上立于不败之地了。然而，说起来容易，在实战中要想真正熟练地掌握这个战斗技巧，可不是件容易的事。

想要打落敌人的武器，首先要让手持武器的对手进入到有效的攻击范围内，同时，还要选准打击对方武器的最佳时机。一般情况下，当对手的手心向下、武器与地面呈水平时，就是自己将对手武器打落的最佳机会。

除了重点攻击对方武器的方法以外，还可选择攻击对方用来握持武器的手部。如果对方的手部受到重创，通常会条件反射地将武器丢掉。当然，既然选择了将对手武器打落来迫使对方投降的方法，自然是希望能够在不伤及对手的前提下来完成。

在近身格斗中，打落武器的方法并不是一成不变的，需要根据对手选择的武器来做出相应的调整。例如，当对手使用战斧、战锤等这类重心靠前、柄头突出的重型武器时，可以趁着对方将武器甩开以后，集中力量重点攻击对手武器头部与柄部的交界处，自己施加的打击力再加上对方武器挥动时产生的离心力，有很大概率将对方手中的武器击飞；而面对像长枪、棍等这样的长柄武器时，可以瞄准对方双手握持的部位发起重点攻击，这样会有机会将其武器打飞或逼其放手。

不过，需要注意的是，如果自己的力量绝对超过对手，将对手的武器轻易击飞并不是件困难的事。但是，当体力与对手势均力敌或逊于对手时，这就需要有相当的技巧才能做到。此外，将单手握持武器的对方手中的武器击飞的可能性比较大，而面对双手握持兵器的对手时，想要将武器击落是件很难的事情。

为什么要选择将对方武器打落

这是一种比破坏武器更容易、更直接地剥夺对方战斗力的方式

如何打落武器

通过击飞或击落对方武器，迫使其放弃战斗，直接投降

※ 注意！这需要具备相当的技巧才能做到！

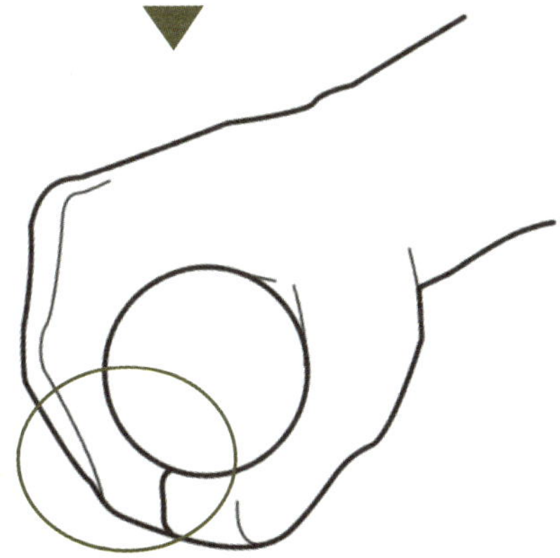

如何打飞头柄部突出的武器

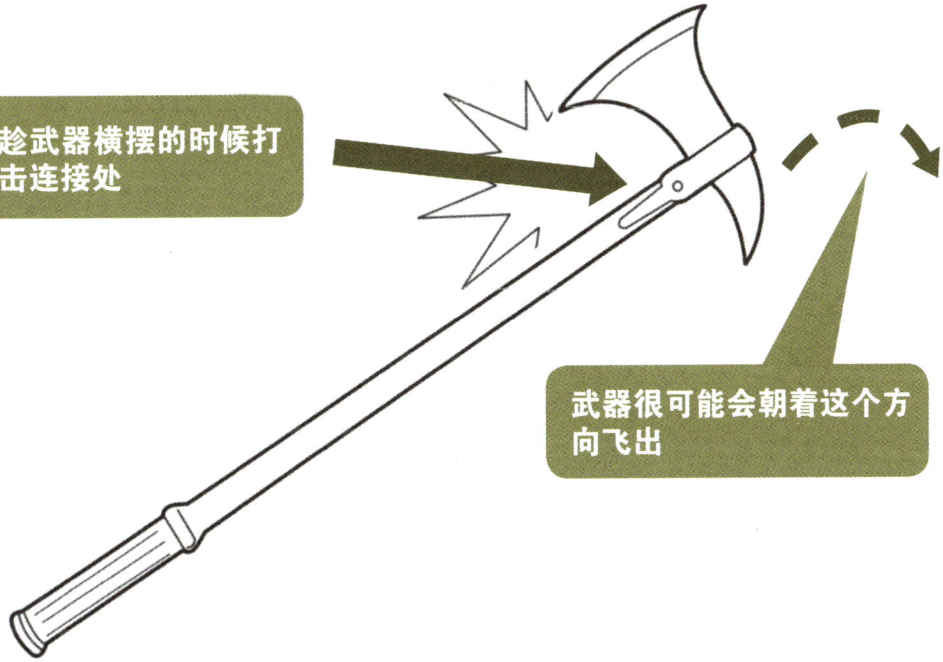

专题：中国古代两军对战时只是一味混战吗

在许多关于中国军事历史题材的影视作品中，我们经常可以看到双方军队列阵以后就开始正面掩杀，双方士兵混战到一堆互相砍杀的混乱场面。那么，历史上真正的两军对阵是这样吗？

一代抗倭名将戚继光有云：“窃观古今名将用兵，未有无节制号令，不用金鼓旗幡，而浪战百胜也。”其大意是说，我留意过那些古今名将指挥过的部队，还从来没有过一支不服从上级命令、不听从上级将领在阵前的指挥、不展开一定的队形迎敌，仅是凭着近身混战就能百战百胜的队伍。

中国古代的军队通常以西周时就已经出现的“什伍”为编制，早期的步兵多以五人为基层单位，五人分别使用弓、殳、矛、戈、戟，成纵队战斗队形时，短兵器在前、长兵器在后，将战术与部队编制有效结合起来，相互掩护，时而防御，时而进攻。后世各朝虽有变化，但也仅仅是在人数上的不同。

在大军团对阵的时候，中军指挥则要统筹全局，根据势态的变化采取不同战术，通过旗幡金鼓来指挥战斗中的士兵变换阵形。所有士兵都要听从中军指挥，根据旗幡、金鼓的讯号来调整不同的作战方式。这种基本的中国古代战术运用一直被延续使用了数千年。

只是通过简单的三言两语并不能表述清楚中国古代的军事制度及作战方式，有兴趣的读者可以通过其他资料来进一步学习。

第四章

特殊武器

1
2
3
4

No.068 会变形的剑：剑鞭

剑鞭能够根据不同情况选择剑或鞭这两种不同的武器外形，凭着其灵活的作战方式，令敌人防不胜防。

刚柔并济、远近皆宜的武器

剑鞭是一种虚构的武器，曾出现在许多的小说、漫画当中。剑鞭也叫“蛇腹剑”，是一种非常特别的武器，在其剑身中心，有一条贯穿整个剑身的钢丝，连接了许多能够活动的利刃组合而成。通过控制钢丝，剑鞭可以在剑和鞭两种形态之间自由转换，刚柔并济，兼具了剑和鞭这两种武器的优点，无论是近距离还是中远距离，都能发挥出惊人的杀伤力。

在“鞭形态”下，布满利刃的剑鞭任何部位都能对敌人造成重创，而普通长鞭只有鞭头部分才能达到这个效果。剑鞭可以用来缠缚敌人的武器或者身体，当剑鞭缠绕住敌人的手腕等部位时，利刃能够割开其皮肉，若是再使劲一拉，造成的二次伤害往往会令敌人丧失战斗能力。与长鞭相比，剑鞭对敌人所造成的伤害要严重很多。

但是，由于剑鞭在柔软度上和长鞭相差很大，因此使用难度比长鞭更大，需要非常高超的使用技巧方能操控自如。通常在剑鞭的鞭头会使用较重的金属制成，藉此来令剑鞭在鞭形态下更容易操控，但是还是改变不了它比长鞭更难使用的事实。

采用“剑形态”战斗时，需要尽量避免和双手剑或者战斧这样的斩击利器正面碰撞，因为其剑身为多节结构，这就相当于剑身的裂痕，正面格挡或者碰撞会加重剑身的负担，很容易被破坏。

因此在使用剑鞭的时候，应把握好使用技巧，以突刺和卸力为基本战术，不时改变武器的形态，充分发挥其中远距离的攻击优势。

伸缩自如的利器

鞭节组合而成的剑鞭

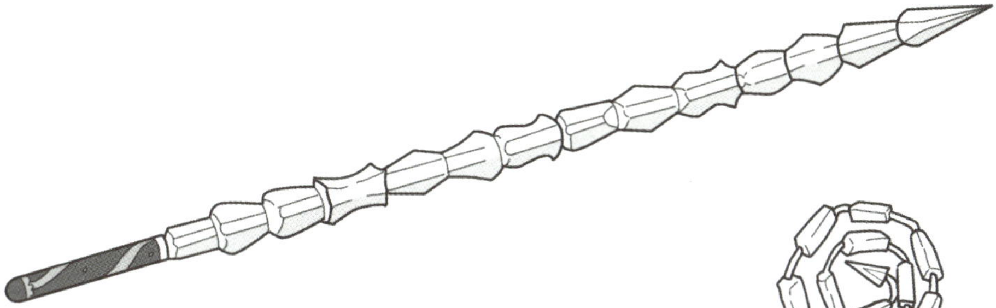

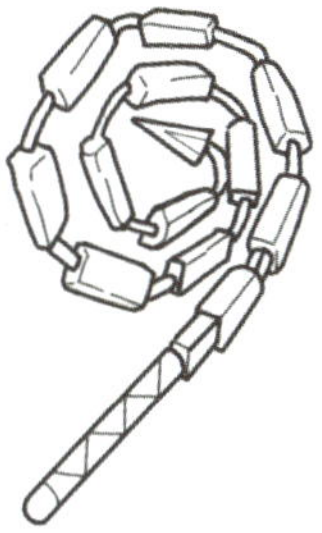

通常是当做长鞭使用，因为可以直接卷起来挂在腰间或者放在袋子中，无需剑鞘

组合成剑的剑鞭

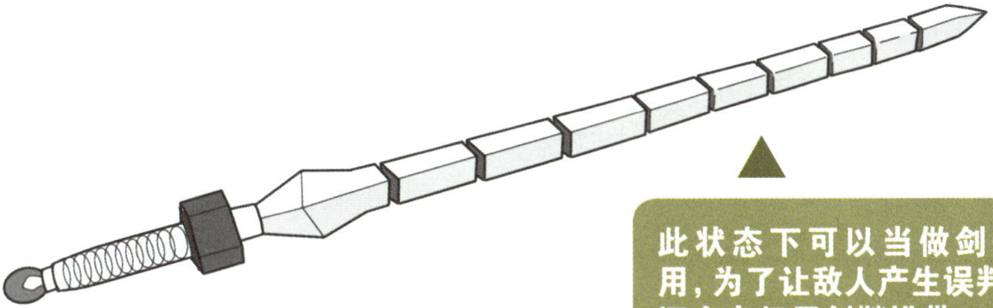

此状态下可以当做剑使用，为了让敌人产生误判，还会专门用剑鞘携带

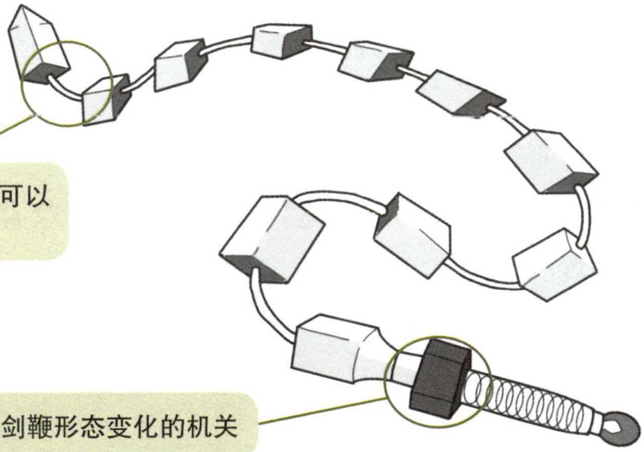

极富延展性的钢芯可以令剑鞭自由变化

握柄处设有控制剑鞭形态变化的机关

No.069 铁扇

铁扇是一种专门用于战斗的折扇，研磨出的锋利刃部能够轻易割裂敌人的皮肉，对敌人造成杀伤。

开可切，合可打

在很多武侠作品中，有一些使用折扇的武林高手，他们的扇子能够格挡刀剑，甚至有的铁扇中还安装了机关，可以发射暗器。那么这样的扇子是不是真的存在呢？事实上，能够用来做武器的扇子是存在的，即战扇。战扇是把普通折扇的竹制扇骨和纸制扇面换成金属材质，因此也称为“铁扇”。

铁扇的扇骨边缘都会打磨出锋利的刃部，可以用来切割，加上金属的扇面，它的平面面积比其他武器大很多，可以用来击落敌人的飞镖等暗器，扇子合起来以后还可以当做短棍使用。通常铁扇的长度为30~60厘米，重2~3千克，是一件比较轻巧的武器。

看起来铁扇的优点并不少，但是它却并没有成为主流武器。这要从铁扇本身的特点说起。首先，铁扇本身就不是为了进行正面攻击的武器，而是故弄玄虚，利用敌人轻视的心理近身偷袭，一击分出胜负。在扇子展开的时候，可以充分利用扇骨利刃的威力，切割敌人的要害；而在合拢的状态下，可以通过重击敌人的后脑等脆弱部位，取得一定的攻击效果。

最初的铁扇并不是全部由金属制成的，只有扇子最外侧的两根扇骨采用金属质地，其他部分与普通的折扇一般无二，扇面依然用纸制成。因此并不能进行切割，只能把扇子合拢当做打击类武器使用。虽然攻击力很弱，但是作为随身携带的防身武器也还不错。

作为武器的铁扇有两种，一种是像折扇一样可以收合的，另一种则是以金属制成扇子合拢的样子，无法打开，两者之间区别很大。

战斗用的铁扇

晚期的铁扇

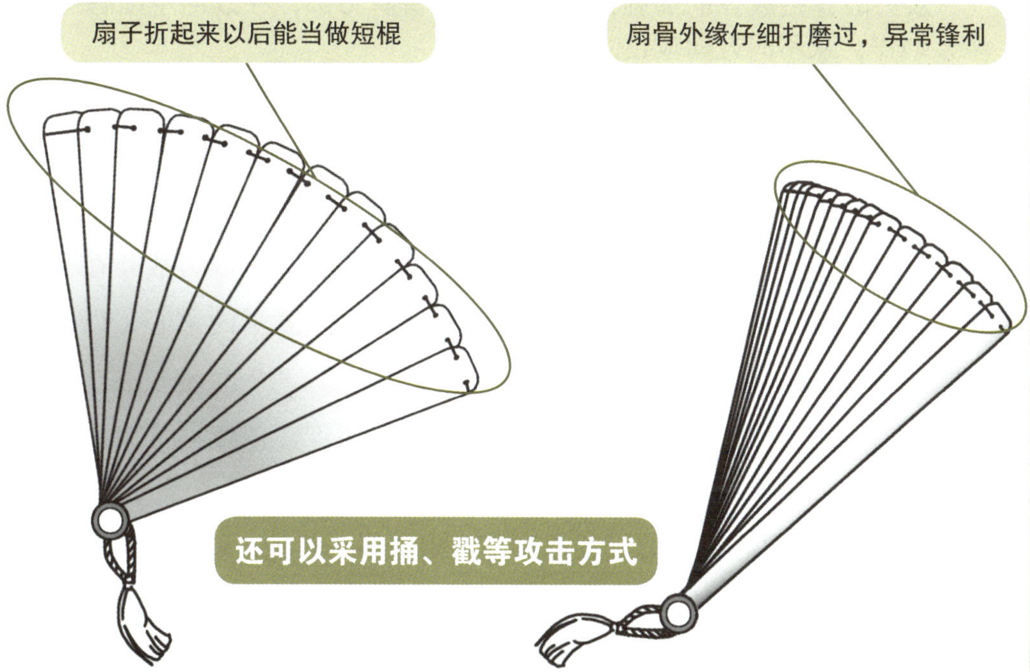

初期的铁扇

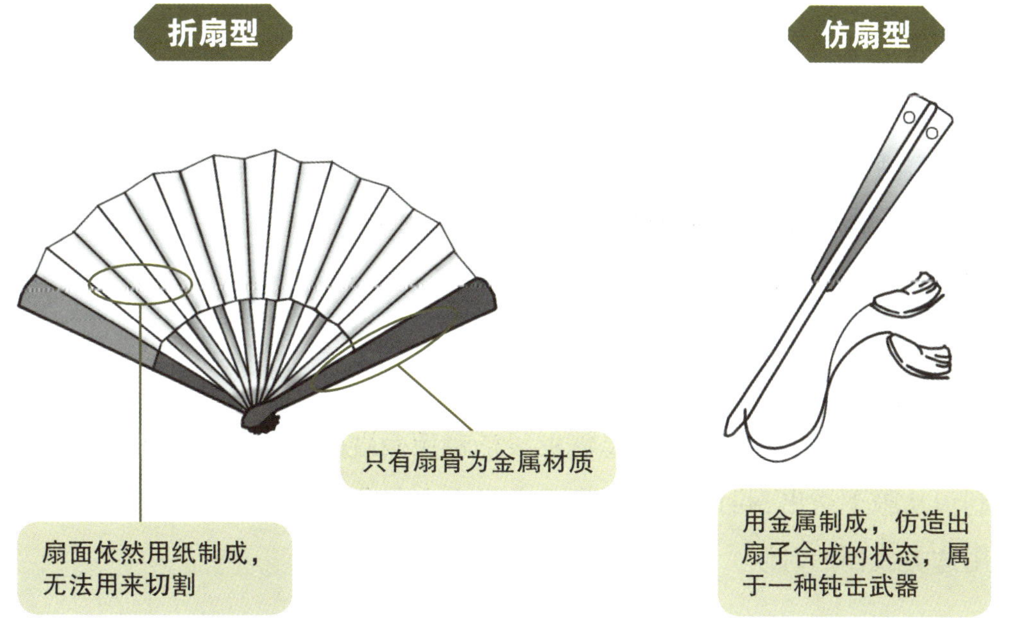

No.070 双刃战斧

双刃战斧是战斧的加强升级版，两面皆有刃部，在战斗中能够避免多余动作，从不同方向攻击对手。

往复攻击，专家级战斧

双刃战斧，顾名思义，即两面皆有刃的战斧。在战斗中，单刃的战斧在挥出去以后必须要重新调转斧刃，并收回到原来的位置；双刃战斧在砍出去以后无需掉头即可再次攻击，而且双刃结构能够调整武器的重心，以便更加迅速地发起挥击。

上述效用也仅仅是战斧这样厚重的武器才能实现，像弯刀之类的武器，如果也采用双刃的构造，会削弱武器的强度，很容易被折断。

使用双刃战斧比起普通的战斧难度要高出很多。首先，就握持而言，双刃战斧必须要一手握持斧柄中心。其次，在战斗攻击敌人的时候，一面利刃指向敌人，另一面必然指向自己，如若握持不当或者稍有错手，就可能伤及自身。与之相对，只要充分掌握双刃战斧的特性，便能做出一些有效而诡异的动作，发挥出不同寻常的威力。

与双刃战斧利用两边的刃部攻击相似，有一些武器会在武器的两端均设有刃状构造，比如双头剑、双头枪。

这类武器是在握柄的两端装置相同的刃部结构，或者两端都为剑刃，或者是尖刺、枪头等。使用的难度要比普通的武器更大一些，主要依靠不断的挥舞，调整刃部的方向进行攻击。因此，这类武器战斗中动作会显得比较花哨。与双刃战斧一样，这类武器有着一个严重的缺陷，一旦刺向敌人，必然会有另一头对准了自己，如果被对方趁机抓住武器，可能会直接用来攻击自己。

当然，换个角度考虑，若是能够灵活利用两端的利刃，巧妙地将对向自己的利刃从腋下送出，可能会刺到背后偷袭的敌人或者是起到防御的效果。总之，使用这类武器的时候，使用者的战斗技巧非常重要。

极为有利的双刃武器

双刃战斧

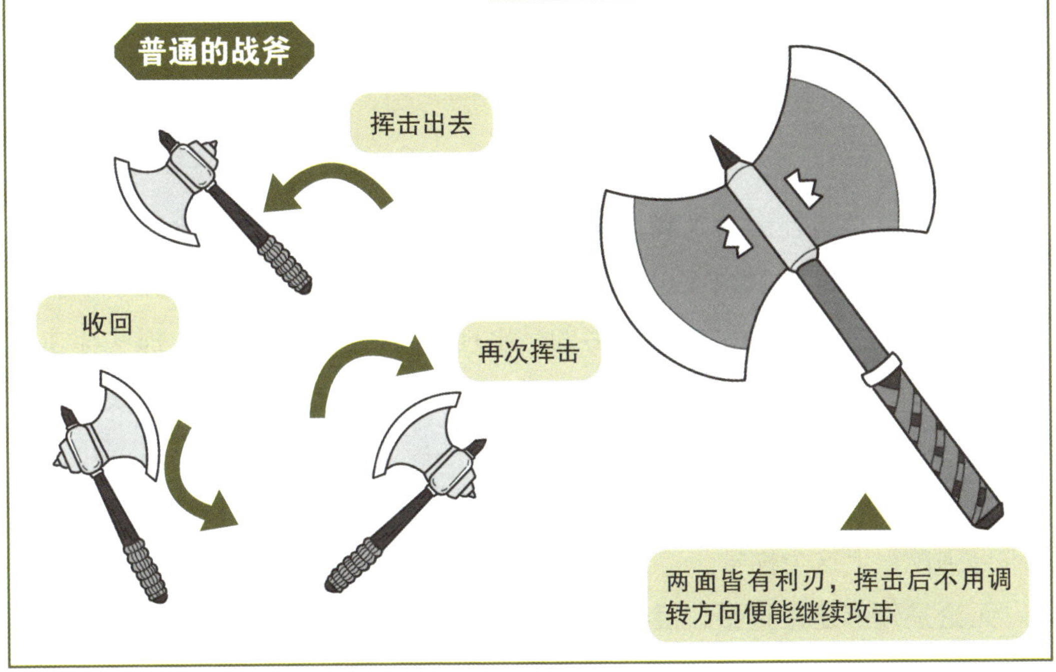

双头剑

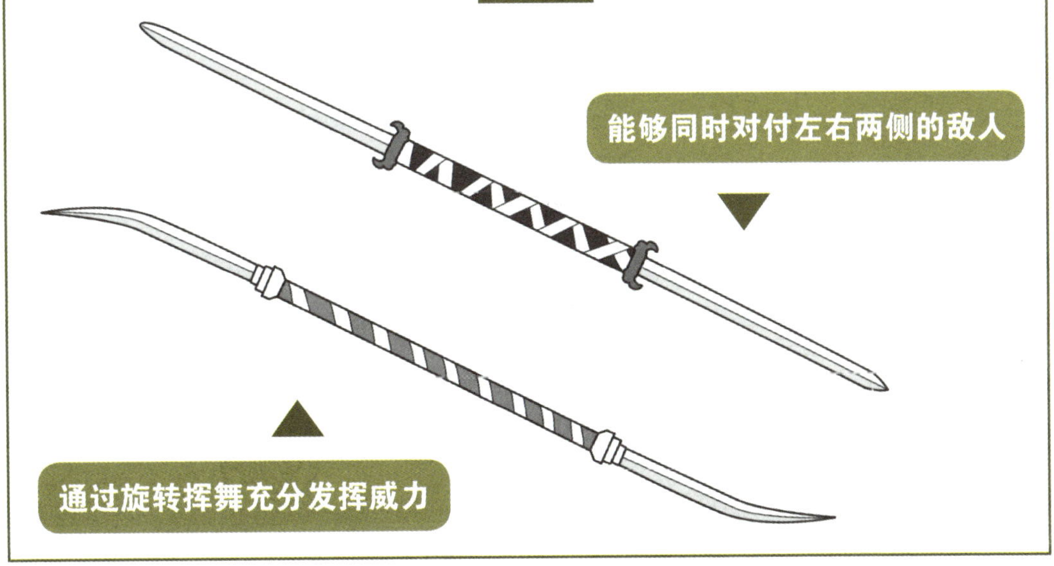

双刃武器一般外形都比较大，因此攻击范围和角度都比较广。另外，双刃武器一般都是双手使用，不容易受到使用者力量大小的限制

No.071 英雄们的巨剑

巨剑是外形惊人的大型剑，基本上都是出现在神话传说当中，硕大的剑身劈砍时威力相当恐怖。

神话中的巨剑

巨剑，就是指外形大到离谱的剑，其长宽厚度均已大大超出普通的剑系冷兵器，因此，其重量也十分惊人。如此巨大的武器，在实际中几乎没有人具备灵活运用它的能力，巨剑更多的是出现在传说或者神话中，那些存在于传说和神话中的英雄人物使用这种超乎寻常的武器，披荆斩棘，消灭世间的邪恶。

如果说现实中存在巨剑的话，恐怕也只有苏格兰阔剑和日耳曼双手大剑能够勉强配得上这个称号。

无论是外形还是重量，巨剑都位于双手剑之上，有的巨剑甚至比一名壮汉的身高还要长，所以只能斜背在身后，使用的时候可以通过横向砍杀或者利用武器本身的重量向下直劈。试想一下，如此的杀器在战场上必然能够横扫一切障碍。

虽然瑞士戟、长柄战斧等武器重量也很惊人，但是由于其长柄的设计，能够通过改变双手握持的距离来调整武器重心，因此操控起来并不难。而巨剑则不同，在使用时也只能握住剑身末端的握柄，很难保持武器重心的平衡，若是要用巨剑进行突刺攻击的话，必然会因为剑身前端太重而影响准头。当然，从另一角度来看，巨剑庞大的剑身以及惊人的重量决定了它就算是像其他长柄武器一样进行挥舞，也足以对目标造成非常严重的伤害。

持剑者对剑的掌控以及自身的技巧，会直接关系到战斗的胜负。若是具备了这两方面的因素，便能采用比其他长柄武器更加多变的战斗方式。因此，传说中使用巨剑的人无一不是令人敬仰的英雄人物，他们对力量和技巧的掌握早已超出了普通人的范畴。

宛如巨人般的剑

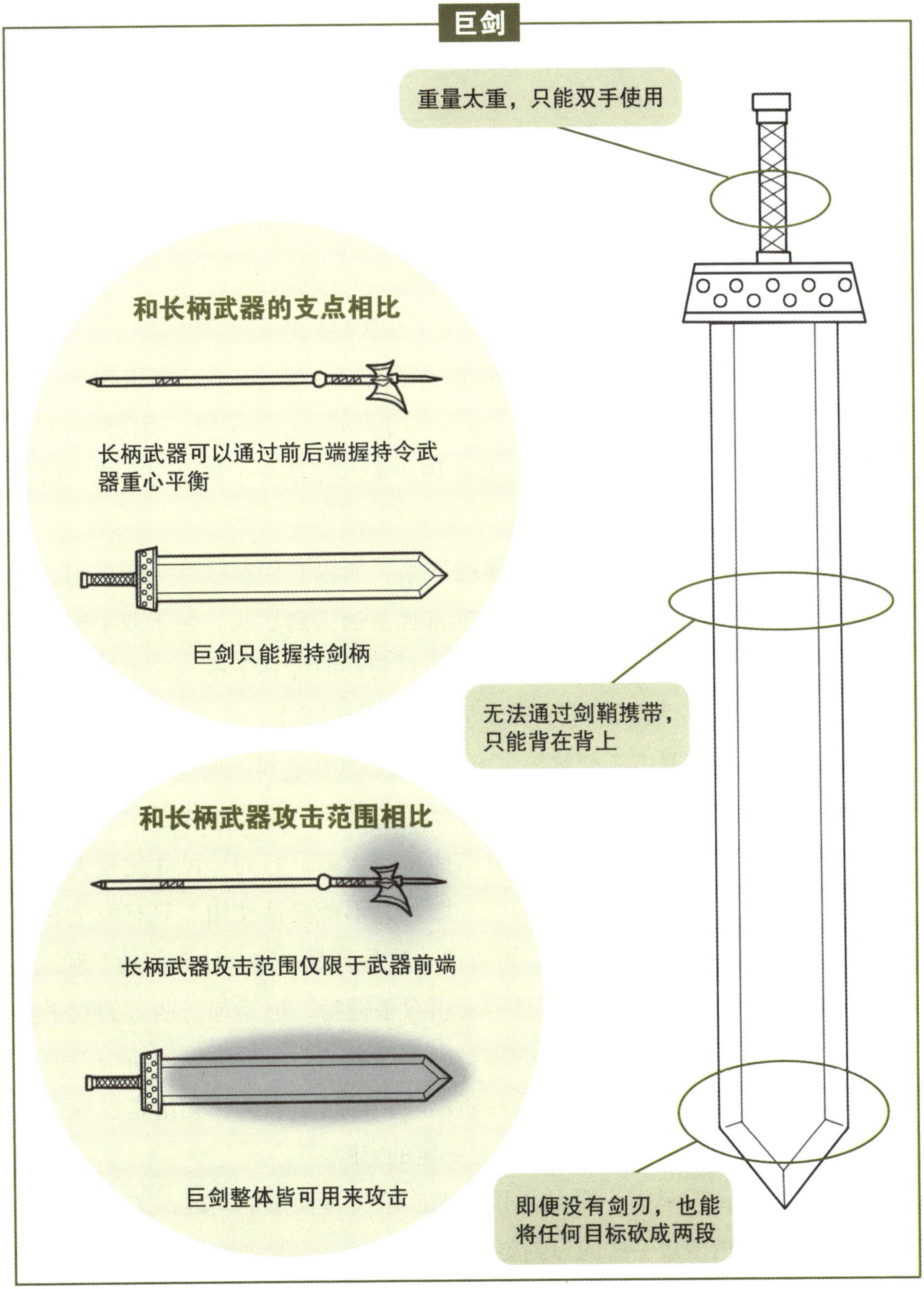
巨剑
重量太重，只能双手使用
和长柄武器的支点相比
长柄武器可以通过前后端握持令武器重心平衡
巨剑只能握持剑柄
无法通过剑鞘携带，只能背在背上
和长柄武器攻击范围相比
长柄武器攻击范围仅限于武器前端
巨剑整体皆可用来攻击
即便没有剑刃，也能将任何目标砍成两段

No.072 东方斩马刀

专门劈斩马匹的长刀，锋利异常，中国许多的古代名刀都属于斩马刀这一类型。

耍“阴招”的勇猛武器

斩马刀，刀如其名，甚至能够斩杀马匹，足见其威力之大。斩马刀是产生于汉代的一种大型刀，用来将敌方将领和战马一同斩杀。

在千余年的发展过程中，斩马刀经历了几次跳跃性的发展。唐代的时候，以汉代斩马刀为基础，加重加长以后制成了陌刀、横刀、仪刀等几种名刀；到宋代，在横刀的基础上略作改变，成为当时步战的主要武器；明代的时候，为了改变以往在对倭寇战斗中的兵器劣势，戚继光结合了斩马刀、唐刀等刀的特点，制成戚家刀。

也正因为这几种刀有着千丝万缕的联系，所以它们都被称为斩马刀。这类刀有一些共同的特征：其刀身和刀柄都比普通刀剑更长，便于双手握持；刀刃异常锋利，砍杀效果极佳，尤其是面对骑兵时能够下砍马、上砍人；因为长度较长，刀身多为精钢制造，以防止被轻易斫断。

除了中国以外，日本、朝鲜等东方国家也有使用各种不同造型的斩马刀。隋唐时期，日本派遣了大量“遣隋使”“遣唐使”，学习吸收了隋唐各个方面的文化，唐刀也被引进到日本，并衍生出了太刀、打刀，尺寸比较大的太刀也属于斩马刀。由于外形的原因，一般人并不能灵活使用，只有力量和耐力都比较强的人，才能运用自如。可以说，这种刀是一些大块头们的专利。

虽然斩马刀在使用的时候也必须要用双手握持，但是却与西方的双手剑不同。双手剑更倾向于利用剑身的重量和使用者的力量劈砍，而斩马刀的利刃构造决定了它是瞄准部位以后进行斩断攻击。这是因为，无论是自身强度还是重量，斩马刀都与西方的双手剑有一定的差距。

正常情况下，斩马刀主要是步兵用来砍杀飞奔而来的马匹，若是人与人之间对战，还是稍微短一些的刀剑更为实用。

超大尺寸的斩马刀

斩马刀（大太刀）

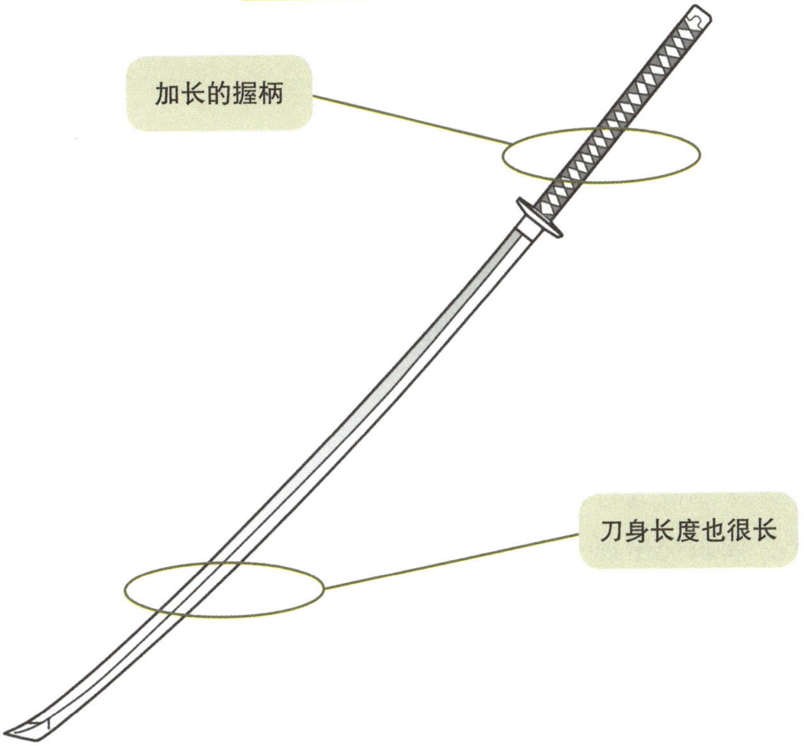

斩马刀异常锋利，甚至能够连人带马劈成两半

斩马刀与打刀尺寸对比

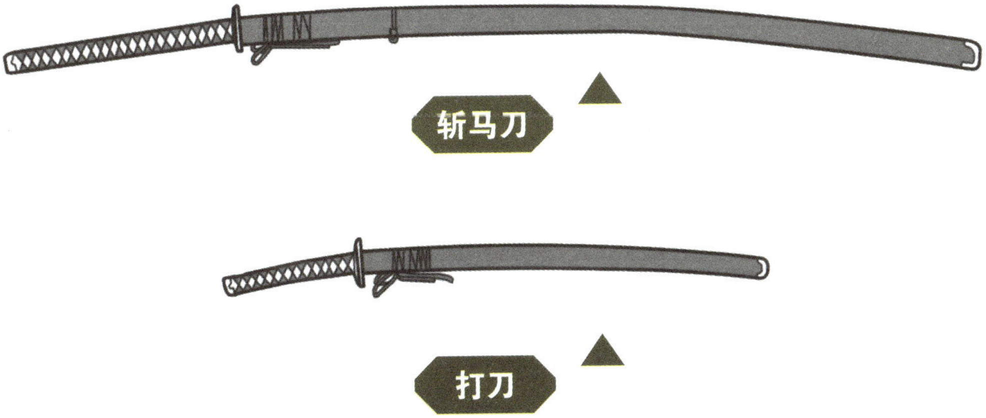

No.073 隐形武器：钢丝

越细的物体越具备强大的切割能力，因此钢丝就是一种可以用来作为切割型武器的工具。

隐形的利刃

在我们日常生活中，手指有时会不小心被薄薄的纸片割破，足见这些细小的物体的切割能力。钢丝就是在这个特征上发展出来的武器，细而坚韧的钢丝能够发挥出远超纸片的切割能力。

因为钢丝的特殊外形结构，钢丝可以接触目标的部分都能充当利刃使用，尤其在拉动的时候更加锋利。战斗中使用钢丝时，多是通过缠绕住敌人的身体部位来限制敌人行动或者对其造成杀伤。在一些武侠小说或者同类的影视作品中，偶尔会出现一些用钢丝暗算别人的角色，他们所用的“盘龙丝”就是这类钢丝武器。

如果要使用钢丝作为武器，最重要的是要保护好自己的手，否则尚未伤敌却先弄伤自己，就弄巧成拙了。因此，在使用钢丝作为武器时，要戴上特殊材质制成的手套，并且用钢丝在手上多绕几圈固定，防止在攻击敌人的过程中拉动钢丝伤到自己。

一些特制的用来绞杀目标的钢丝武器，它的两端设有握把，不仅能保护使用者自身，而且有助于在绞杀敌人时发力。在使用时，使用者首先将握把握在掌中，然后让钢丝从指间穿出，最后使用双手绕过敌人，将其颈部牢牢绞住。这种武器被称为“绞首索”，其目的是在于将敌人缢死而并非绞断，因此钢丝并不会太细，而是更注重坚韧程度。

普通的钢丝想要直接切断对方的身体是很难的，但是在一些小说、漫画当中，有着特制的、采用分子技术或者纳米技术制成的丝线，它们能够直接穿透目标的分子缝隙，从而实现切断的效果。理论上，这种丝线连金属都能切断，更不用说用来当做武器直接作用在人的身上了。

成为武器的钢丝

采用极细的钢丝

肉眼看不清楚，难以躲避

钢丝武器就此诞生

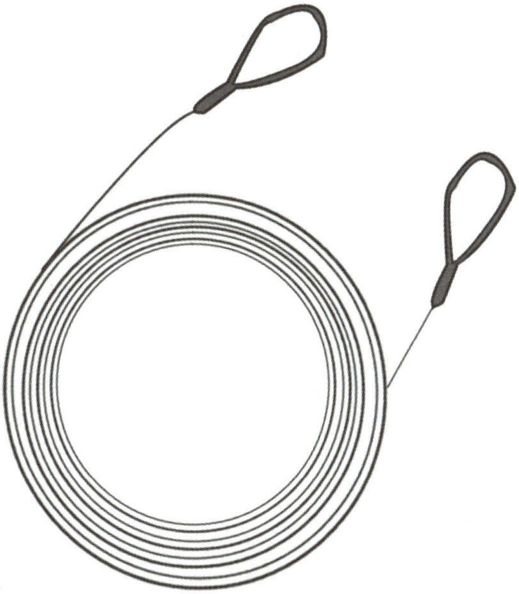

专门用来绞杀的钢丝

绞首索

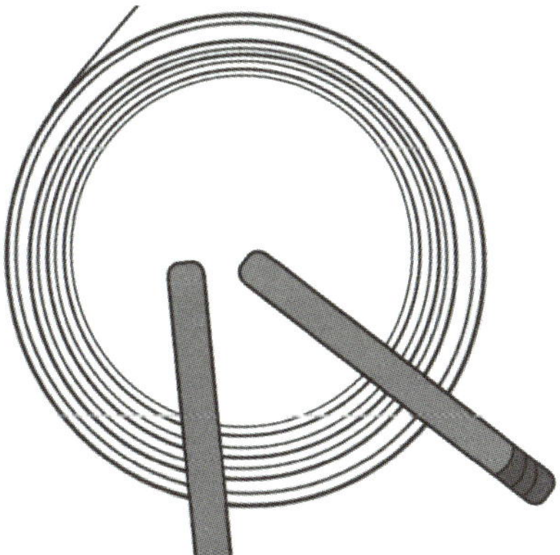

两端设有握把

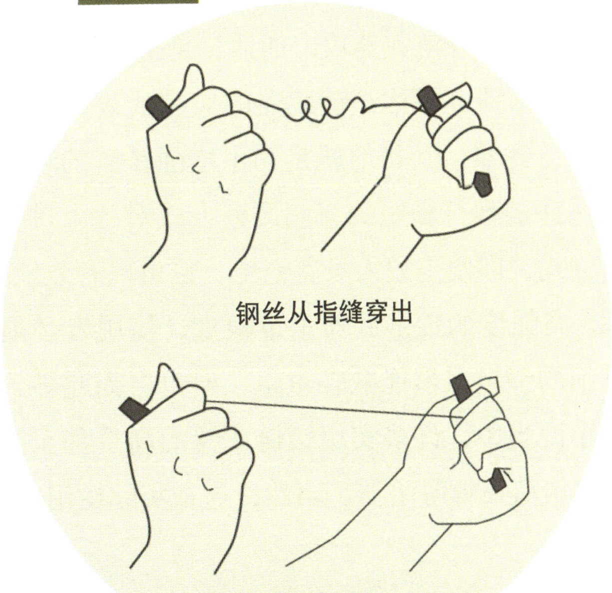

No.074 锁链武器

将铁链应用到武器当中，使之既具备了相当的强度，同时又能像软兵器一样出其不意。

既能捕缚，又能攻击

锁链武器是为了替代绳索、皮鞭等软兵器而应用到冷兵器当中的，锁链武器的铁链沉重坚硬，光是挥舞铁链，就能对敌人造成巨大杀伤，而且，它不仅能用来攻击，缠绕在手腕等部位还可以当做防具。

锁链武器最大的特征在于牢固、灵活，可以适应各种不同战斗环境的需要。单纯的铁链可像长鞭一样挥舞，从远距离打击敌人或者是缠缚敌人；若是在铁链一端装上铁锤之类的重物，便能像流星锤一般给敌人以重击；就算敌人想破坏锁链也没那么容易，面对完全由金属打造的锁链，除非使用神兵利器，否则很难砍断。

大多数锁链武器会在铁链两端连接重物，利用挥舞中的离心力使铁链延伸开来，能够从远距离对敌人进行攻击。想要简单地通过格挡、卸力等防御方法来应对锁链武器攻击的话，是毫无作用的。

双匕锁链堪称锁链武器的典型代表，这是一种在铁链两端装有突刺短剑的锁链武器，其目的就是为了增强铁链的攻击能力。双匕锁链在实战中能够通过铁链鞭打和短剑突刺两种方式对敌人进行攻击，只要善加运用这两种攻击方式，即便是敌人身着铠甲，也可以有效地将其杀伤。

高强度的锁链武器重量很重，使用者必须有足够的力量才能灵活掌握，较细的锁链虽然能减轻重量，但也会因此导致武器强度的下降。在一些虚构的小说当中，许多实用锁链武器的高手甚至能够随意改变锁链的攻击方向、直接击落飞镖等暗器。当然，这在实际运用中恐怕是不可能做到的。

牢固、灵活的锁链武器

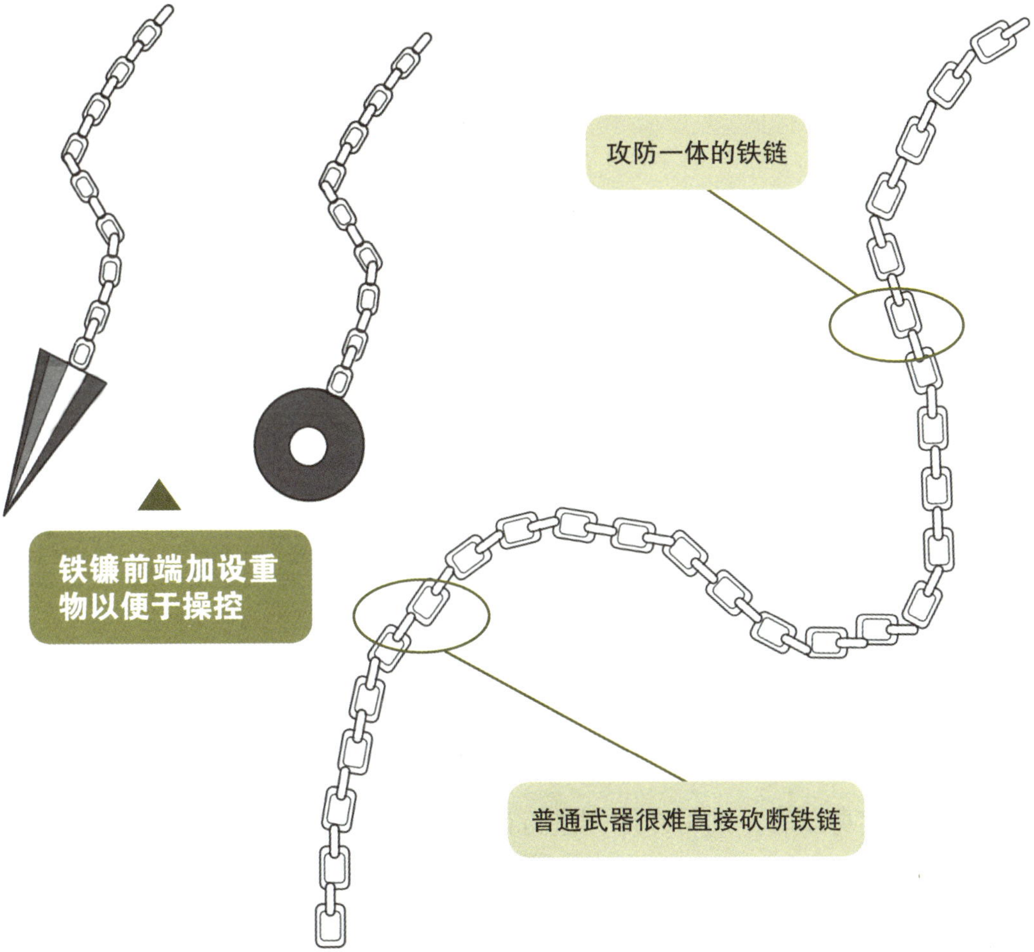
攻防一体的铁链
铁镰前端加设重物以便于操控
普通武器很难直接砍断铁链

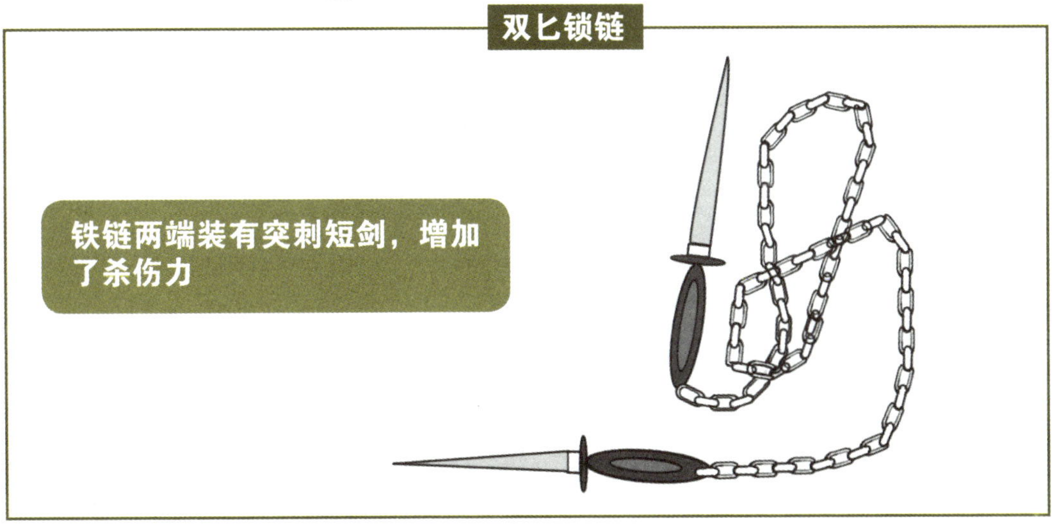
双匕锁链
铁链两端装有突刺短剑，增加了杀伤力

1
2
3
4

No.075 组合型武器

多种武器能同时运用吗？答案是肯定的，组合型武器就是这样一种包含了多种武器功能的冷兵器。

多种武器合二为一

组合型武器指的是把多种武器功能组合在一起的武器。同时具备枪、斧、钩爪等战斗功能的瑞士戟可以算是一种非常典型的组合型武器。但如果按照这样的划分，那么几乎所有的长柄武器都能被划分为组合型武器，毕竟没有哪种长柄武器只具备一种功能的，就算是结构最为简单的长枪，也是由棍棒和枪头组合而成的。

因此，本书中所说的组合型武器特指将近战与远攻相结合、武器与防具相结合的这一类武器。

基于这种概念，将近战和投射相结合的最典型代表当属火枪与剑合二为一的剑枪。剑枪，顾名思义，是一种同时具备了剑和枪两种功能的武器。它在剑身上安装了火枪，当敌人处于较远距离的时候，可以使用火枪进行射击，而一旦敌人近身以后，则可以用剑进行砍杀。

如此组合看似非常符合逻辑并且颇具效率，然而事实上，除了功能性以外，还需要考虑武器自身的强度和杀伤力。传统的近战武器是专为砍杀敌人和斫击兵刃而锻造的，虽然它的结构单一但是却非常坚实，而组合型武器却因为过于追求功能多样化而破坏了武器原本的结构，导致组合型武器整体强度的下降，甚至有可能在战斗中出现变形或断裂现象。

与剑枪非常相似的另一种堪称完美组合的组合型武器当然就是“火枪＋刺刀”的组合方式，它在作战功能上与剑枪无二，但是其作战效用要明显强于剑枪。

武器与防具组合的组合型武器，则没有上述缺点，比如融合火枪与盾牌的铁盾枪，结合剑和护手的拳剑都属此类，虽然武器的强度没有下降，但是它们却比其他普通的防具或武器显得更为笨重。

复合武器的两大类别

近战＋投射的组合型武器

投石棒

组合型武器的始祖

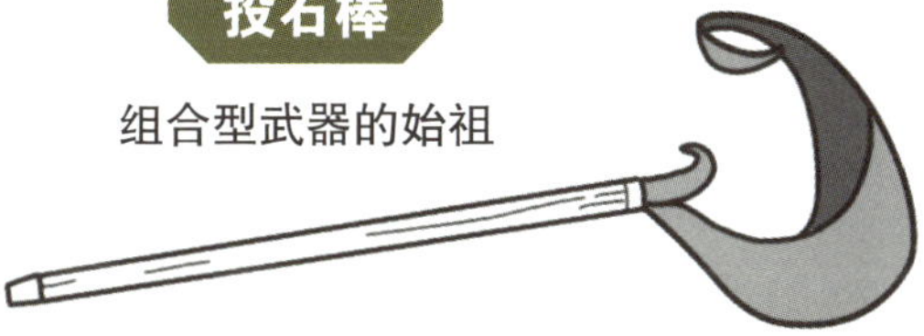

在近战中当做棍棒使用，远距离则可以抛掷石块攻击

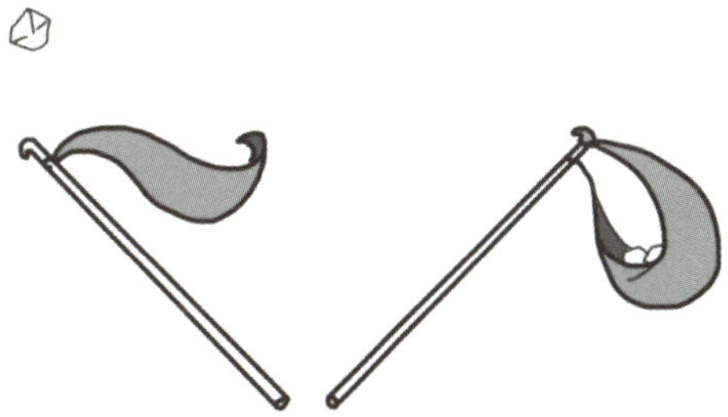

剑枪

融合剑与火枪的武器

武器＋防具的组合型武器

铁盾枪

铁盾枪能够进行有效防御，但射击时每次只能装填一发弹药

拳剑

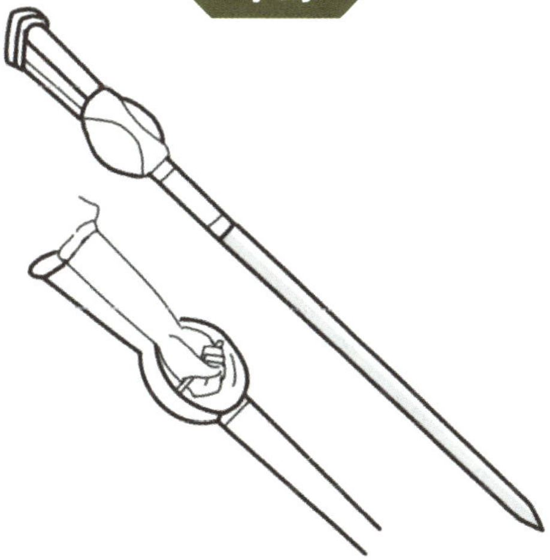

源自拳刃的近身武器

No.076 扔出去还能回来的回旋武器

回旋武器能够在投掷出去以后再度回到手里，在一些影视作品中，高手甚至可以用它命中敌人后再度收回。

多次攻击，命中为止

回旋武器是一种掷向目标以后还能利用回转再度回到手中的武器。最早的回旋式武器是扁平的く形棍棒，当我们拿着其中一端用力旋转，将其向前方掷出时，由于旋转的力量和棍棒的上下面与空气的摩擦力会产生力量差，使之能够利用这个力量保持空中盘旋，并呈现出一种特别的曲线，从而可以重新飞回使用者的手中。也正因为这个特点，这种武器被称为“回力棒”。

高手在掷出回力棒以后，回力棒会先按照直线飞行，然后在途中突然改变方向，接着再飞回到使用者手中。

各种回旋武器虽然在外形上有所不同，但都还是利用这一飞行原理，其实质和直升机通过螺旋桨旋转获得浮力相似。因此，只有扁平形状的旋转武器才能成为回旋武器，能够回旋的剑、斧、镖等也不例外。

从材质上看，回力棒是木制，本身重量较轻，有利于在旋转中产生浮力；而剑、斧等武器为金属材质，本身较重，旋转所产生的浮力并不足以支撑其飞行。若是能克服这一点，以剑、斧等作为回旋武器的话，杀伤力必然要比回力棒大很多。

回旋武器最大的缺点就是在飞行过程中速度始终比较稳定，因此容易被敌人闪避甚至接住。当然，这只是针对一些本身实力及身手就远超常人的高手而言，普通人还是很难做到的。为了避免这样的情况出现，使用者在投掷回旋武器的时候往往会连续投掷多枚，用以迷惑敌人或者令其避无可避。

能够连续投掷的回旋武器

回旋武器的运动轨迹

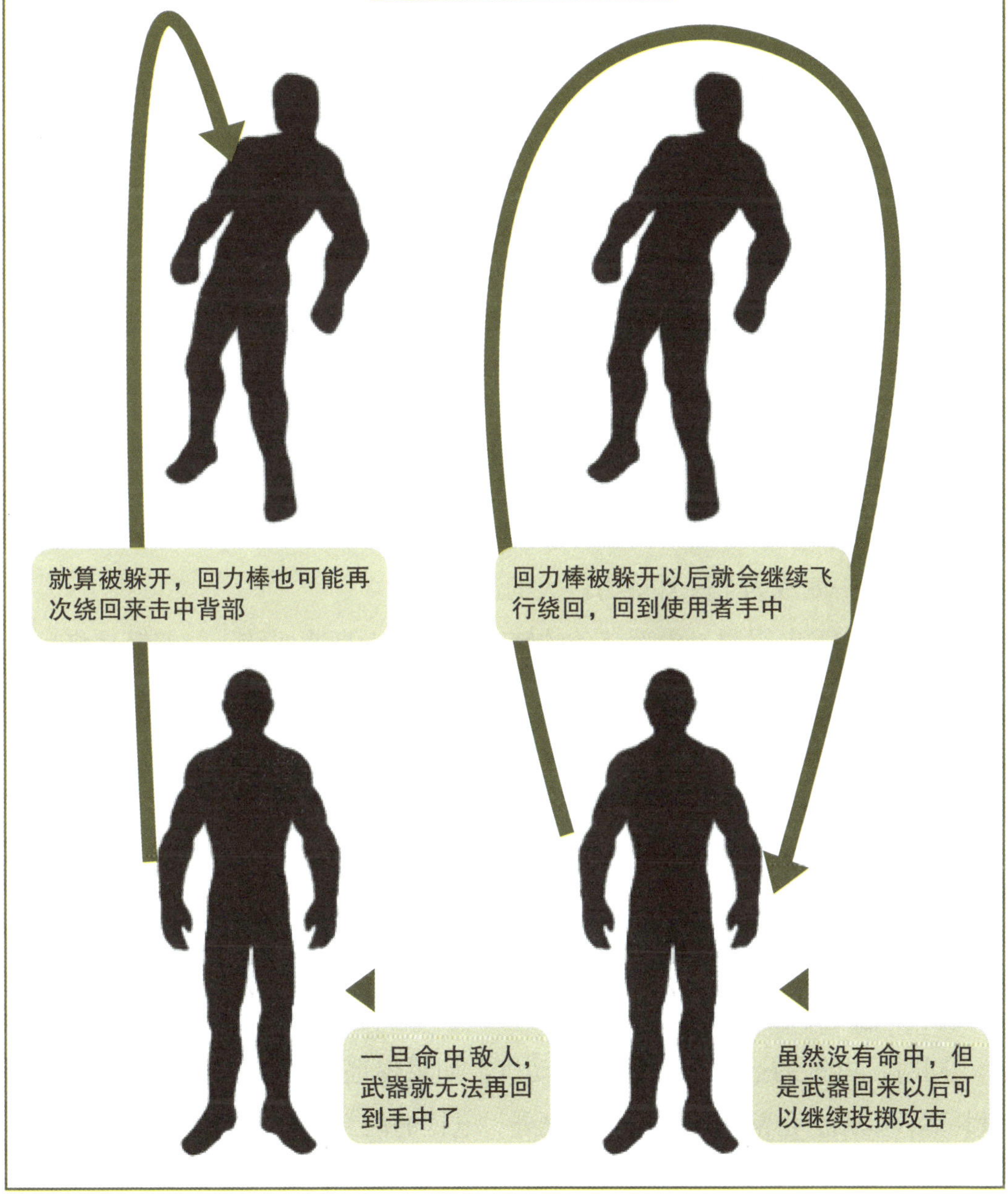

要接住飞回来的回力棒也并不容易，因为想要对敌人造成伤害的话，会尽量让回力棒以更快的速度飞行，如果没有接好的话，原本用来攻击敌人的回力棒可能会打在自己身上

No.077 现代电锯

锯子在切割方面具有先天优势，电锯更是将切割的抽送动作自动化，如果用来作为武器的话，威力相当惊人。

1
2
3
4

能够自动切割的锯子

人们日常生活中的许多工具都是武器的来源，比如原本用来砍树劈柴的手斧演变成了战斧，用来打谷的桲演变成了各式各样的连枷武器。

锯子是能够通过锯齿的来回抽送切断物体的工具，古人早就将锯齿结构应用在刀、剑等武器上，锯齿所造成的伤口参差不齐，所产生的伤害比刀、剑的利刃要严重得多。

电锯是将锯子的抽送动作完全自动化，一旦打开电源开关，只需要将高速运转的锯齿接触物体，电锯便能将其锯断。和手斧等工具一样，只需稍作变身，锯子也摇身一变成为了一件威力巨大的武器。

在使用中，电锯通过内部链条的转动带动锯齿高速回转，能够轻易将目标撕裂成碎片。鲜有武器能够正面抵挡电锯的攻击，加上电锯在运作中的巨大噪声，能够对敌人造成沉重的心理压力。当然，由于运行时会伴随着巨大噪声，想要用电锯来偷袭敌人是不可能的。

在电锯的结构中，提供动力的发动机位于握柄处，因此整体重心非常靠后。链条是连接锯齿和发动机的装置，一旦电锯在运行过程中，链条被硬物卡住或者夹住，高速运行的电锯会产生剧烈的反作用力，把电锯拉扯到无法预测的方向，危险度很高。

同时，电锯的运行依靠的是发动机，如果保证发动机运转的燃油或者电量耗尽，就无法正常使用了。除此之外，电锯的内部结构比其他武器要复杂，潮湿的环境、长期的放置等因素都会影响其效能，因此必须要注意及时保养。

电锯的特征

普通锯子

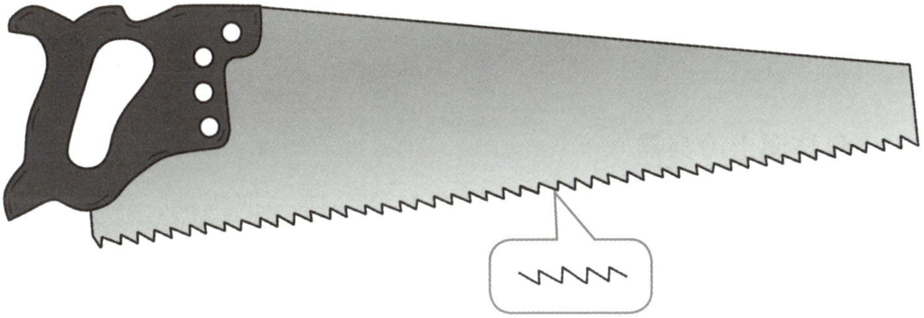

燃油式电锯

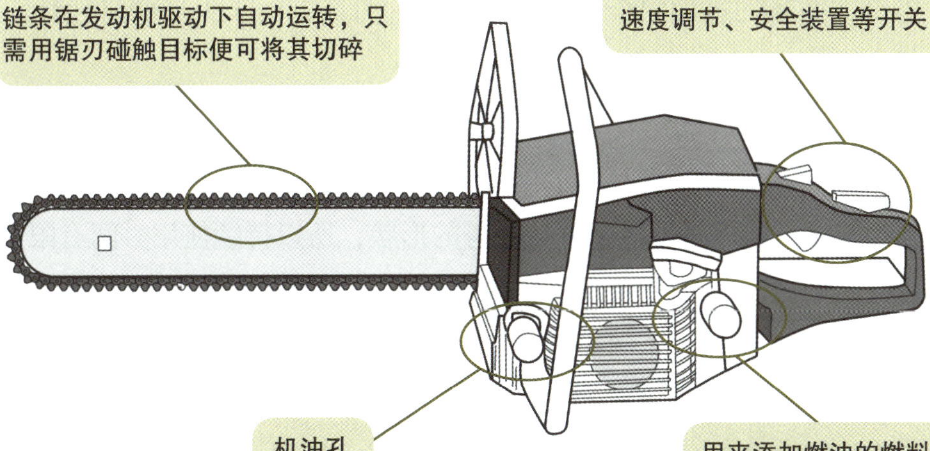

注意事项

- 不可高举过肩
- 务必双手握持
- 不可使用电锯前端或上侧
- 切割硬物时必须特别注意
- 使用时间不宜太长

No.078 未来冷兵器：粒子光剑

在科幻片中，我们常常会看到一些光剑，由光芒构成的剑身，无坚不摧，看起来充满了科技的气息。

1
2
3
4

当未来科技遇上冷兵器

在许多科幻电影中，我们都曾看到主人公手持一把剑柄，轻轻一按，剑柄便释放出由光芒组成的剑形冷兵器，这种武器通常叫做粒子光剑，它将未来的科技元素与传统的冷兵器文化合二为一，具有独特的魅力。

粒子光剑最大的特征就是其光刃，这种完全由能量形成的剑刃能够轻易斩断目标。根据构成原理的不同，粒子光剑可以分为力场式和放射式两种。

力场式光剑是利用能量的往复循环形成光刃结构，它的剑身完全是由纯粹的能量构成，因此几乎没有任何重量，挥动武器的速度要比实体的刀剑快很多。能量在循环的过程中会形成自己独特的力场，由于力场的排他性，力场式光剑才能和其他同类光剑相互砍斫。

放射式光剑是利用能量外放形成光刃造型，这类光剑原理类似于释放火焰的火把，无法与其他光剑互斫，但是却可以摧毁金属武器。和火把一样，放射式光剑需要不断放射能量来维持自身的形状，所以持续使用时间有限。

这两种光剑比起来，力场式光剑的使用方式更接近于传统的刀剑，因此比较容易使用；而放射式光剑在能量输出时的最大值往往会更高一些。无论是哪种光剑，其威力都要比传统的刀剑大很多，都能轻易将其他金属武器砍断。

为了将光剑的威力最大化，同时为了应对专门防御光剑的盔甲，将实体剑与光剑相结合的新型冷兵器应运而生。它将剑的剑刃部分粒子化，既可以用粒子剑刃切断物体，紧急关头还能用实体剑身进行戳刺或者劈砍。

光剑的两种模式

力场式光剑

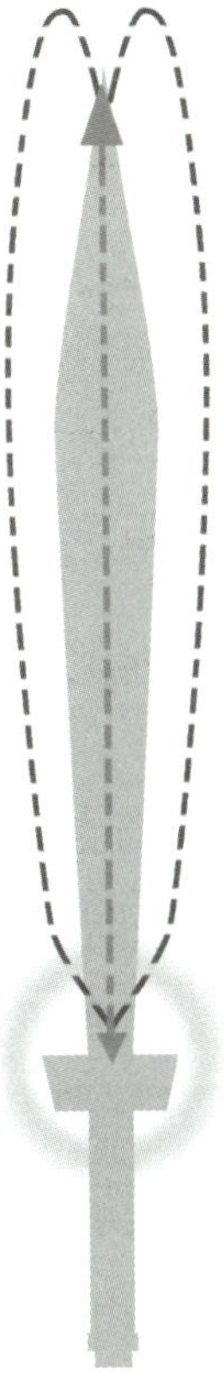

通过能量的循环形成力场，能够与其他武器互斫

放射式光剑

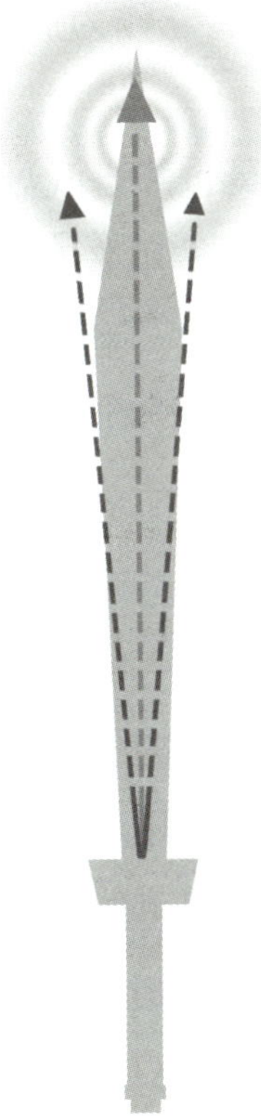

握柄内储存的能量不断外放形成光刃，能量耗尽则无法使用

实体剑与光剑的混血武器

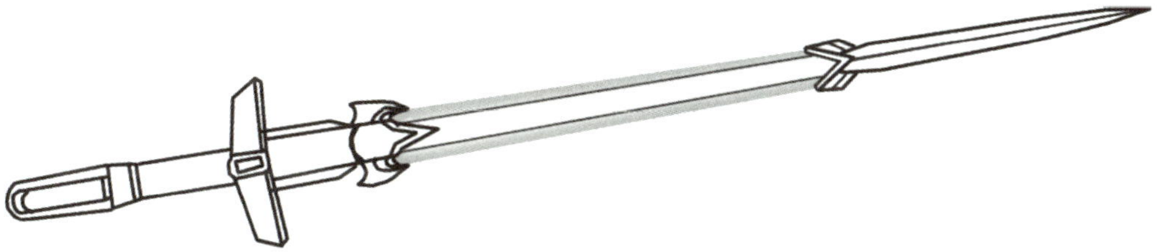

外形和普通剑相似，必要时开启光刃

No.079 使用电力的钻头

锥形钻头加上螺旋式利刃能够令钻头轻松地在其他物体上打洞开孔，如果将它作为武器的话，威力必然十分可怕。

挖洞工具也能当武器

钻头原本是用来在物体上打洞的工具，外形细长坚硬犹如铁锥，和其他形状类似的武器一样，钻头非常适合突刺攻击，加上钻头在使用过程中往往会利用旋转给螺旋形刃部加力，能够轻易贯穿目标。电钻利用电力带动钻头高速旋转，使钻头的穿透力得到了大幅度提升，威力也更大。

虽然从使用过程来看，电钻的攻击方式已经很优越，它能够在保证动力的情况下发挥出惊人的威力，能够对目标造成持续强力的伤害。但是和电锯一样，电钻也受到动力的限制，而且外形笨重，还要不时保养来防止偶发的机械故障。

因此，在使用电钻、电锯等动力武器的时候，首先要正面认识这类武器的缺点，同时尽可能地利用其优点，取长补短。

与其他武器相比，动力武器最大的优点就在于其能够持续发挥巨大的威力。也就是说，只要在零部件的强度许可范围内，电钻能够发挥出远远大于人力的力量，并且将之全部凝聚在钻头上输出。除此之外，电钻还可以运用其他一些技术手段进一步提升动力输出，或者可以将钻头改造成能够承受更强动力的粗圆锥，用来挖掘巨大通道、坑洞的电钻就是这种形状。

钻头表面密集分布着螺旋形沟槽，在形成利刃的同时，能够将打碎的碎渣排出。虽然电钻给人的印象除了挖洞以外没有别的用处，但是为了方便打洞，钻头表面专门设计了大量刃型结构。因此，除了能够进行类似打洞的戳刺攻击，还能利用沟槽等结构进行格挡防御。

威力随着钻头的改变而改变

打洞用的细长钻头

锥形钻头

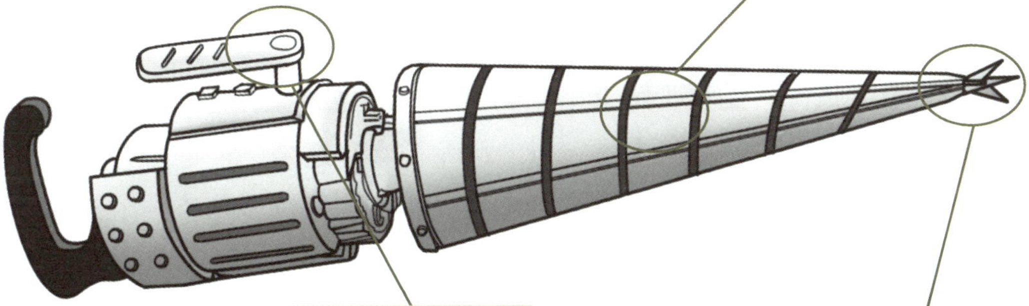

挖掘坑道的钻头

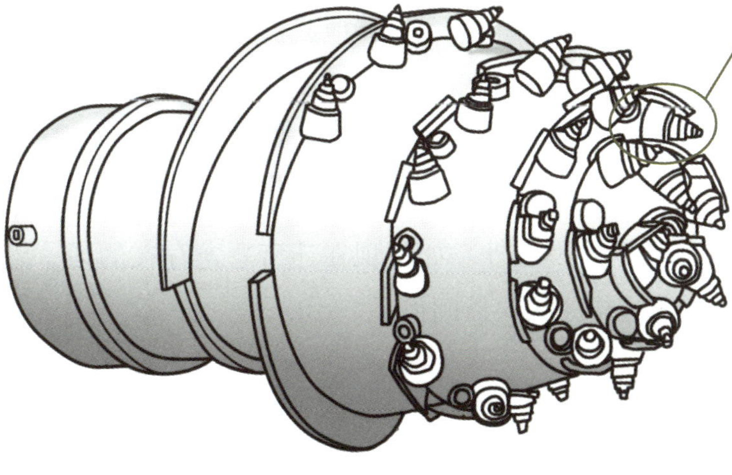

No.080 西方传说中的屠龙神兵

在西方传说中，恶龙危害一方，不时有勇士前往屠龙，所用的武器即屠龙神兵。

屠龙勇士专用的武器

在古代传说中，总有一些传奇的英雄人物，他们往往也都拥有一把神兵利器，这些神兵利器不仅威力巨大，还会留下许多动人的故事传说。比较有名的如亚瑟王的“石中剑”和“湖中剑”、戳刺过耶稣肋骨的“命运之矛”，等等。

在西方传说中，龙往往是邪恶的象征，动辄扰一方安宁甚至胡作非为。因此，常有为民除害的勇士踏上屠龙的征程，一旦成功屠龙，他们的武器，无论是刀、剑、枪、斧，都会被冠以“屠龙神兵”之名。正是因为如此，所谓的这些屠龙神兵并没有一个明确的构造及形状，是剑？是枪？还是其他的武器？这些都并不重要！

那么普通的武器有无可能成为降服恶龙的屠龙神兵呢？起码在传说中，凡是能够打倒怪物或者恶龙的武器，都是出自旷世名匠之手。就算真的有人使用普通武器打败了恶龙，这样的英雄事迹会被大肆渲染，勇士的英明神武会将这把武器神化，赋予其各种神秘莫测的特性，而不再是最初的那把普通武器了。

所有的屠龙武器中，以剑和枪居多，其他武器则很少。这是因为剑乃是古代西方权力和战斗精神的象征，而枪则是冷兵器时代最主要的作战武器。对于西方骑士而言，剑和枪是他们最为常用的两种武器，无论是代表自己的身份还是象征骑士精神，使用剑和枪去屠龙都是不二的选择，因此这两种武器居于屠龙神兵的前列也并不意外。如果现在还有恶龙存在的话，恐怕就会有屠龙炮和屠龙导弹等这样的热兵器问世了。

何谓屠龙武器

屠龙所指的龙特指西方神话传说中的恶龙，其特点是形似有翅膀的蜥蜴，而不是东方神话当中的神龙

使用剑、枪等武器将其斩杀

这些武器称为屠龙神兵

No.081 拥有“器灵”的玄幻武器

人们总是嫌武器威力不足，因此幻想出一些能够像人一样思考并不断进化的武器。

1
2
3
4

拥有灵魂的武器

在一些玄幻科幻类小说或者漫画中，常常会出现一些不可思议的武器——武器本身拥有灵魂，具有思考的能力，可以和使用者进行交流，甚至还可以不断利用外力实现自我进化。如果真的存在这种武器的话，恐怕只能将其称为“神器”了。

所谓武器的灵魂，即“器灵”，一般是在炼制法宝武器的时候加入神兽、妖兽的灵魂，使之成为能够通灵的宝物。也有的是武器在使用过程中吸收了大量的天地灵气和日月精华，与主人的心灵相通，拥有了近似人的灵智。

在小说、漫画中，拥有器灵的神器能够自主御敌，甚至只需要主人一个意念就能够按照主人的想法攻击敌人。在主人力量提升、吸收了足够灵气的时候，自身也能获得力量，进化到更加强大的境界。

对于这种武器，难免会令人想知道究竟其灵魂寄居在何处？以一些传说中的武器为例，大多是寄宿在武器表面镶嵌的宝石、美玉或者精美无比的剑鞘上。

这些原本能耐非凡的神器，往往能带给使用者神一般的力量，然而一旦触发了某种禁忌，便不再神奇。比如亚瑟王在获得“湖中剑”（又称“王者之剑”）以后被告诫“王者之剑虽强大，但其剑鞘却较其剑更为贵重。配戴王者之剑的剑鞘者将永不流血，你绝不可遗失了它。”在亚瑟王遗失了剑鞘不久，就被叛徒重创致死。

不仅在虚构的小说中，就算是现实中也有许多人在使用武器进行战斗以后出现异常。比如耳边总是响起战斗中牺牲的战友的声音，或者精神失常者的脑海中不断浮现战争杀戮的画面。

拥有器灵的剑

拥有灵魂的武器大多都是剑

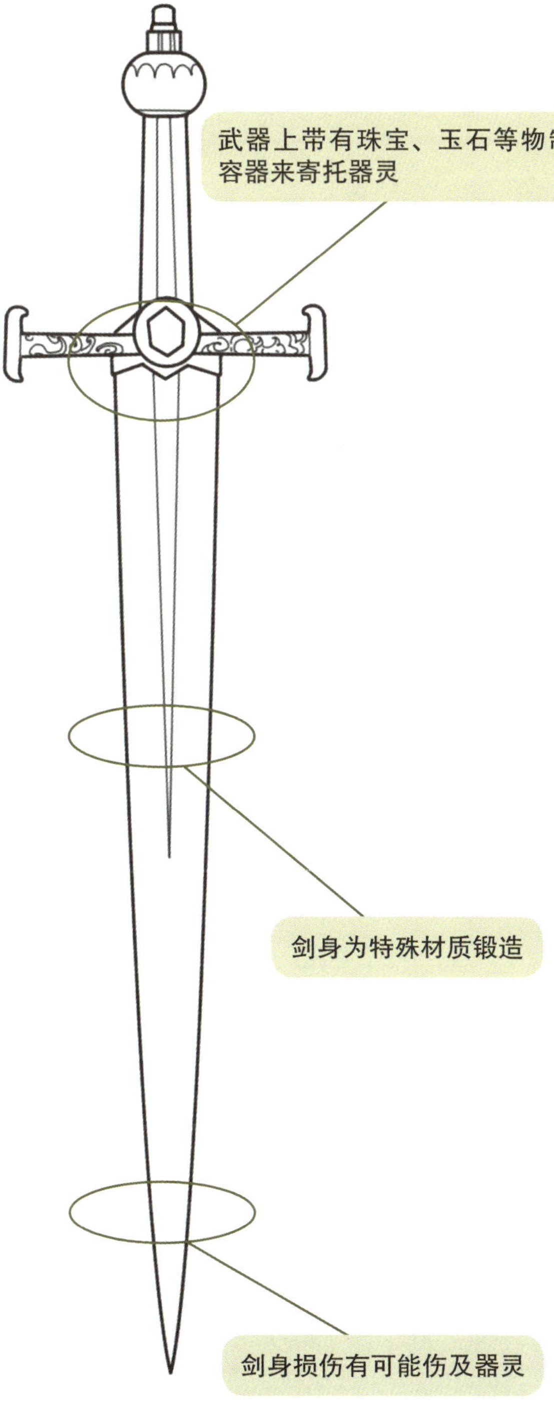

“器灵”的身份是什么呢?

- 前任使用者的残留意识
- 被邪恶法术囚禁在武器中的灵魂
- 甚至武器本身孕育的精灵
- ……